高校入試

まとめ上手 数学

Calculation
Equation
Function
Geometry
Statistics

受験研究社

本書の特色としくみ

この本は，中学数学の重要事項を豊富な図や表，補足説明を使ってわかりやすくまとめたものです。要点がひと目でわかるので，定期テストや高校入試対策に必携の本です。

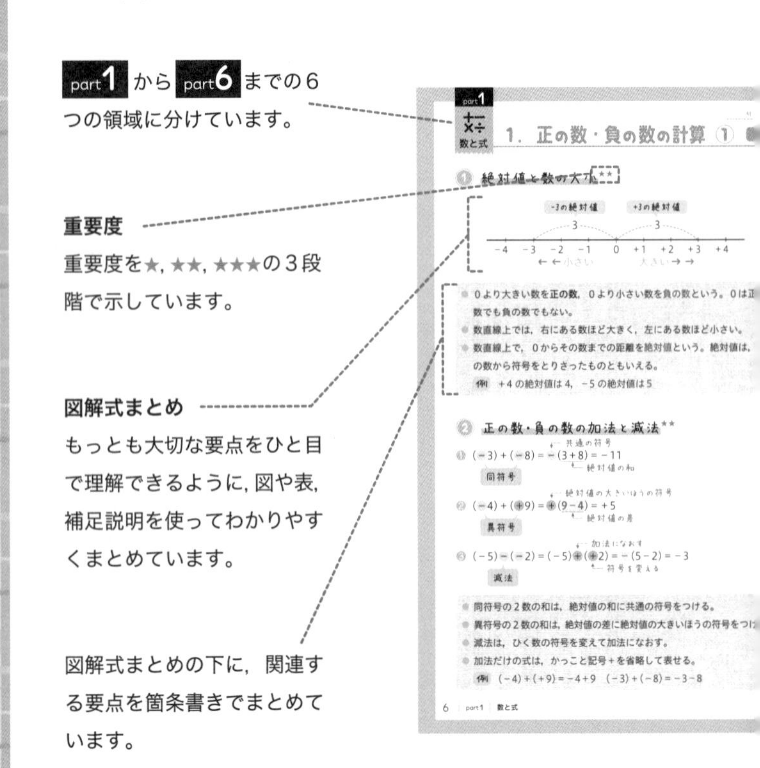

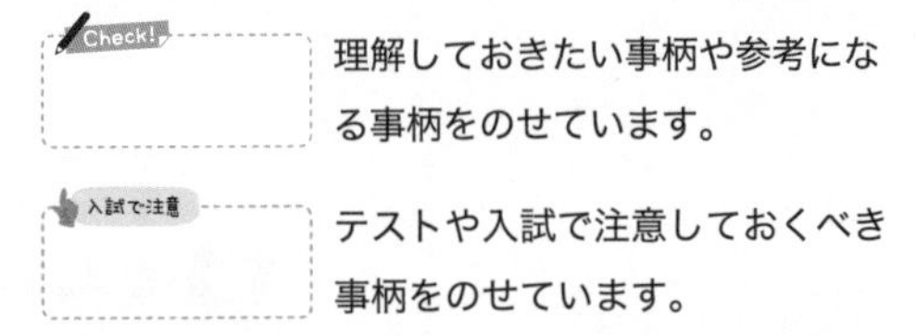

テストや入試に役立つ
情報がいっぱいあるよ!

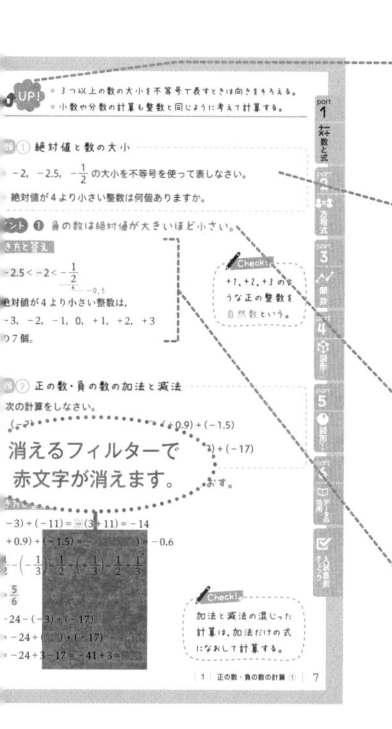

得点UP!

テストや入試の得点をアップさせる秘訣(ひけつ)です。

例題

左ページの内容に関連する例題です。テストによく出る問題や，実際に出題された入試問題を扱っています。

ポイント

問題を解くきっかけがつかめないときに参考にしてください。

解き方と答え

問題の解き方と答えをわかりやすく丁寧に説明しています。

入試直前チェック
(p.132～p.143)

覚えておくべき公式・法則・定理などを巻末にまとめてあります。入試直前の最終チェックとして利用できます。

もくじ

part1 数と式

1 正の数・負の数の計算 ① 1年 …… 6
2 正の数・負の数の計算 ② 1年 …… 8
3 文字と式 1年 …… 10
4 多項式の加法と減法 2年 …… 12
5 単項式の乗法と除法 2年 …… 14
6 式の利用 2年 …… 16
7 多項式の乗法と除法 3年 …… 18
8 乗法公式 3年 …… 20
9 因数分解 3年 …… 22
10 いろいろな因数分解 1年 3年 …… 24
11 平方根 3年 …… 26
12 根号をふくむ式の計算 ① 3年 …… 28
13 根号をふくむ式の計算 ② 3年 …… 30
14 式の値 2年 3年 …… 32
15 平方根の利用 3年 …… 34

part2 方程式

16 1次方程式の解き方 1年 …… 36
17 1次方程式の利用 1年 …… 38
18 連立方程式の解き方 ① 2年 …… 40
19 連立方程式の解き方 ② 2年 …… 42
20 連立方程式の利用 2年 …… 44
21 2次方程式の解き方 ① 3年 …… 46
22 2次方程式の解き方 ② 3年 …… 48
23 2次方程式の利用 3年 …… 50

part3 関　数

24 比　例 1年 …… 52
25 反比例 1年 …… 54
26 1次関数とグラフ 2年 …… 56
27 1次関数の求め方 2年 …… 58
28 1次関数と方程式 2年 …… 60
29 1次関数の利用 2年 …… 62
30 関数 $y=ax^2$ とグラフ 3年 …… 64
31 関数 $y=ax^2$ の値の変化 3年 …… 66
32 関数 $y=ax^2$ の利用 3年 …… 68
33 放物線と図形 ① 3年 …… 70
34 放物線と図形 ② 2年 3年 …… 72

中学3年間で学ぶすべての数学がつまっているよ!

part4 図　形 ①

35 作　図 1年 …… 74
36 おうぎ形の弧の長さと面積 1年 …… 76
37 空間図形の基礎 1年 …… 78
38 立体の表面積・体積 1年 …… 80
39 立体のいろいろな見方 1年 …… 82
40 平行線と角 2年 …… 84
41 多角形と角 2年 …… 86
42 三角形の合同条件 2年 …… 88
43 三角形 2年 …… 90
44 平行四辺形 ① 2年 …… 92
45 平行四辺形 ② 2年 …… 94

part5 図　形 ②

46 相似な図形 ① 3年 …… 96
47 相似な図形 ② 3年 …… 98
48 平行線と線分の比 ① 3年 …… 100
49 平行線と線分の比 ② 3年 …… 102
50 面積比と体積比 3年 …… 104
51 円周角 ① 3年 …… 106
52 円周角 ② 3年 …… 108
53 円と相似 3年 …… 110
54 円と接線 1年 3年 …… 112
55 三平方の定理 3年 …… 114
56 三平方の定理と平面図形 ① 3年 …… 116
57 三平方の定理と平面図形 ② 3年 …… 118
58 三平方の定理と空間図形 3年 …… 120

part6 データの活用

59 データの整理 ① 1年 …… 122
60 データの整理 ② 1年 …… 124
61 確　率 ① 2年 …… 126
62 確　率 ② 2年 …… 128
63 箱ひげ図と標本調査 2年 3年 …… 130

入試直前チェック

1 数と式・方程式 …… 132
2 関　数 …… 134
3 図　形 ① …… 136
4 図　形 ② …… 138
5 図　形 ③ …… 140
6 データの活用 …… 142

月　日

1. 正の数・負の数の計算 ①　1年

① 絶対値と数の大小★★

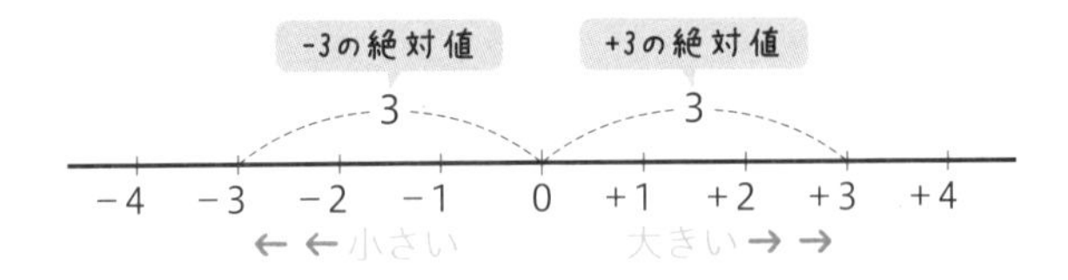

- 0より大きい数を**正の数**，0より小さい数を負の数という。0は正の数でも負の数でもない。
- 数直線上では，右にある数ほど大きく，左にある数ほど小さい。
- 数直線上で，0からその数までの距離を絶対値という。絶対値は，その数から符号をとりさったものともいえる。

例　+4 の絶対値は 4，−5 の絶対値は 5

② 正の数・負の数の加法と減法★★

❶ $(-3)+(-8)=-(3+8)=-11$

（共通の符号）（絶対値の和）（同符号）

❷ $(-4)+(+9)=+(9-4)=+5$

（絶対値の大きいほうの符号）（絶対値の差）（異符号）

❸ $(-5)-(-2)=(-5)+(+2)=-(5-2)=-3$

（加法になおす）（符号を変える）（減法）

- 同符号の2数の和は，絶対値の和に共通の符号をつける。
- 異符号の2数の和は，絶対値の差に絶対値の大きいほうの符号をつける。
- 減法は，ひく数の符号を変えて加法になおす。
- 加法だけの式は，かっこと記号＋を省略して表せる。

例　$(-4)+(+9)=-4+9$　$(-3)+(-8)=-3-8$

得点UP!
- 3つ以上の数の大小を不等号で表すときは向きをそろえる。
- 小数や分数の計算も整数と同じように考えて計算する。

例題① 絶対値と数の大小

❶ $-2,\ -2.5,\ -\frac{1}{2}$ の大小を不等号を使って表しなさい。

❷ 絶対値が4より小さい整数は何個ありますか。

ポイント ❶ 負の数は絶対値が大きいほど小さい。

解き方と答え

❶ $-2.5<-2<-\frac{1}{2}$ ← -0.5

❷ 絶対値が4より小さい整数は、
$-3,\ -2,\ -1,\ 0,\ +1,\ +2,\ +3$
の7個。

> **Check!**
> $+1, +2, +3$ のような正の整数を自然数という。

例題② 正の数・負の数の加法と減法

次の計算をしなさい。

❶ $(-3)+(-11)$

❷ $(+0.9)+(-1.5)$

❸ $\frac{1}{2}-\left(-\frac{1}{3}\right)$

❹ $-24-(-3)+(-17)$

ポイント ❸ ひく数の符号を変えて加法になおす。

解き方と答え

❶ $(-3)+(-11)=-(3+11)=-14$

❷ $(+0.9)+(-1.5)=-(1.5-0.9)=-0.6$

❸ $\frac{1}{2}-\left(-\frac{1}{3}\right)=\frac{1}{2}+\left(+\frac{1}{3}\right)=\frac{1}{2}+\frac{1}{3}$
$=\frac{5}{6}$

❹ $-24-(-3)+(-17)$
$=-24+(+3)+(-17)$
$=-24+3-17=-41+3=-38$

> **Check!**
> 加法と減法の混じった計算は、加法だけの式になおして計算する。

part 1 数と式 / part 2 方程式 / part 3 関数 / part 4 図形① / part 5 図形② / part 6 データの活用 / 入試直前チェック

月　日

2. 正の数・負の数の計算 ② 1年

1 正の数・負の数の乗法と除法★★

❶ $(-4)\times(-11)=+(4\times11)=+44$
同符号　（正の符号／絶対値の積）

❷ $(+54)\div(-9)=-(54\div9)=-6$
異符号　（負の符号／絶対値の商）

❸ $(-5)\times(-4)^2=(-5)\times(+16)=-(5\times16)=-80$
（$(-4)^2$ は $(-4)\times(-4)$）

- 同符号の２数の積・商は，絶対値の積・商に正の符号をつける。
- 異符号の２数の積・商は，絶対値の積・商に負の符号をつける。
- 同じ数をいくつかかけたものを，その数の累乗という。
  例　$4^3=4\times4\times4=64$（4^3 を４の３乗という）
- ある数でわることは，その数の逆数をかけることと同じである。
  例　$(-3)\div\left(-\frac{7}{2}\right)=(-3)\times\left(-\frac{2}{7}\right)=+\frac{6}{7}$

2 乗除・四則の混じった計算★★★

❶
$$4\div\frac{2}{5}\times\left(-\frac{3}{10}\right)$$
（乗法だけの式にする）
$$=4\times\frac{5}{2}\times\left(-\frac{3}{10}\right)$$
（答えの符号を決める）
$$=-\left(\frac{4\times5\times3}{2\times10}\right)$$
（約分して計算する）
$$=-3$$

❷
$$8-(13-2^3)\times5$$
（累乗）
$$=8-(13-8)\times5$$
（かっこの中）
$$=8-5\times5$$
（乗法）
$$=8-25$$
（減法）
$$=-17$$

- 乗法と除法の混じった計算は，乗法だけの式になおして計算する。
- 四則の混じった計算は，累乗・かっこの中 → 乗除 → 加減の順に計算する。

3つ以上の数の乗除の答えの符号は，負の数が偶数個のときは正，奇数個のときは負になる。

例題① 正の数・負の数の乗法と除法

次の計算をしなさい。

❶ $(-12)\times(+6)$　　❷ $(-5)\times(-0.9)$ 〔山梨〕

❸ $\dfrac{5}{6}\div\left(-\dfrac{3}{4}\right)$　　❹ $(-4^2)\div(-2)^3$

ポイント ❸ 乗法になおして計算する。

解き方と答え

❶ $(-12)\times(+6)=-(12\times6)=-72$

❷ $(-5)\times(-0.9)=+(5\times0.9)=4.5$

❸ $\dfrac{5}{6}\div\left(-\dfrac{3}{4}\right)=\dfrac{5}{6}\times\left(-\dfrac{4}{3}\right)=-\dfrac{10}{9}$

逆数をかける

❹ $(-4^2)\div(-2)^3=(-16)\div(-8)=2$

入試で注意

❹ 次のようなミスに注意しよう。

$-4^2=(-4)\times(-4)$ ✕

正しくは

$-4^2=-(4\times4)$ ○

例題② 乗除・四則の混じった計算

次の計算をしなさい。

❶ $-0.4\times\left(-\dfrac{5}{6}\right)\div3$　　❷ $8+(-3^2)\div\left(2-\dfrac{1}{2}\right)$

ポイント ❷ 累乗やかっこの中は先に計算する。

解き方と答え

❶ $-0.4\times\left(-\dfrac{5}{6}\right)\div3=-\dfrac{2}{5}\times\left(-\dfrac{5}{6}\right)\div3=-\dfrac{2}{5}\times\left(-\dfrac{5}{6}\right)\times\dfrac{1}{3}$

小数は分数になおす

$=\dfrac{\overset{1}{\cancel{2}}\times\overset{1}{\cancel{5}}\times1}{\underset{1}{\cancel{5}}\times\underset{3}{\cancel{6}}\times3}=\dfrac{1}{9}$

❷ $8+(-3^2)\div\left(2-\dfrac{1}{2}\right)=8+(-9)\div\dfrac{3}{2}=8+(-9)\times\dfrac{2}{3}=8-6=2$

月　日

3. 文字と式

1年

① 関係を表す式★★

❶ 等式

$$2x-3=11$$

（＝…等号，$2x-3$…左辺，11…右辺，左辺と右辺をあわせて両辺）

❷ 不等式

$$2x-3>11$$

（＞…不等号，$2x-3$…左辺，11…右辺，左辺と右辺をあわせて両辺）

- 数量の間の関係を，等号を使って表した式を**等式**といい，不等号を使って表した式を**不等式**という。
- 等号や不等号の左の部分を**左辺**，右の部分を**右辺**，合わせて**両辺**という。
- 不等号の表し方
  - ① aはbより大きい…$a>b$
  - ② aはbより小さい(aはb未満)…$a<b$
  - ③ aはb以上…$a \geqq b$　④ aはb以下…$a \leqq b$

② よく使われる数量を表す式★★

❶ 代金＝単価×個数　❷ 速さ＝$\frac{道のり}{時間}$　❸ 平均＝$\frac{合計}{個数}$

❹ 比べられる量＝もとにする量×割合

$a\% \rightarrow \frac{a}{100}$　a割 $\rightarrow \frac{a}{10}$

③ 文字を使った公式★

❶ 長方形の面積　❷ 三角形の面積　❸ 立方体の体積

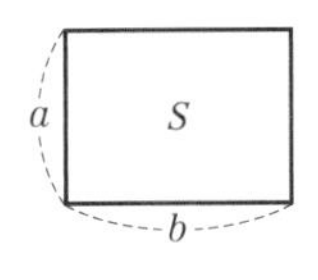

$S=ab$

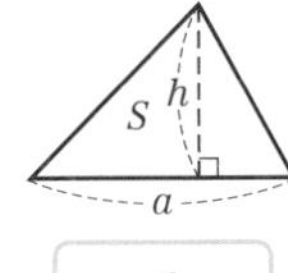

$S=\frac{1}{2}ah$

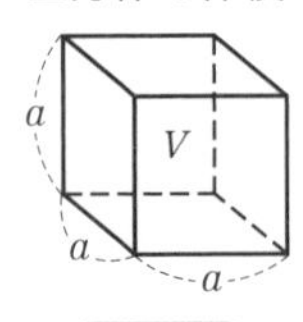

$V=a^3$

- 等式や不等式では両辺の単位をそろえる。
- 不等式では，≧と＞，≦と＜の使い分けに注意する。

例題① 等式

次の数量の間の関係を等式で表しなさい。

① a 冊のノートがある。1人に4冊ずつ b 人に配ると3冊余った。

② x km の道のりを，分速 100 m の速さで歩くと，かかった時間は y 時間だった。

ポイント 等しい数量を見つけて等号で結ぶ。

解き方と答え

❶ 全部のノートの冊数（← a）と配ったノートの冊数（← $4b$）の差は3冊だから，

$a-4b=3$

❷ 分速 100 m ＝時速 (100×60) m

＝時速 6000 m

＝時速 6 km

時間＝$\dfrac{道のり}{速さ}$ だから，$\dfrac{x}{6}=y$

例題② 不等式

次の数量の間の関係を不等式で表しなさい。

① x の2倍に7をたした数は，y の5倍から6をひいた数より大きい。

② ある動物園の入園料は，おとな1人が a 円，子ども1人が b 円であり，おとな3人と子ども4人の入園料の合計が 3000 円以下であった。〔香川〕

ポイント 2つの数量の大小関係を見つけて不等号で結ぶ。

解き方と答え

❶ x の2倍に7をたした数は $2x+7$，y の5倍から6をひいた数は $5y-6$ だから，$2x+7>5y-6$

❷ おとな3人の入園料は $3a$ 円，子ども4人の入園料は $4b$ 円だから，

$3a+4b\leqq3000$

月　日

4. 多項式の加法と減法 2年

① 多項式(たこうしき)の加法と減法★★

$(2x-3y)-(x+4y)$
$=2x-3y-x-4y$
$=\underline{2x-x}\,\underline{-3y-4y}$
$=x-7y$

かっこをはずす
項を並べかえる
同類項をまとめる

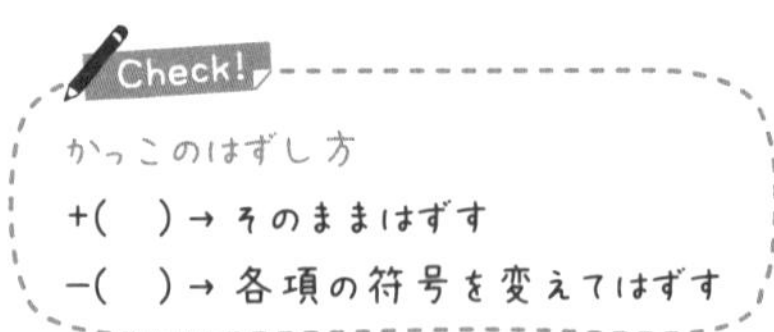

- 同類項(どうるいこう)(文字の部分が同じ項)は，$ax+bx=(a+b)x$ を使って，1つの項にまとめる。

  例 $6a+2b+3a-5b=(6+3)a+(2-5)b=9a-3b$
- 多項式の加法や減法は，かっこをはずして同類項をまとめる。

② いろいろな式の計算★★★

$3(a+4b)+2(5a-7b)$
$=\underline{3a}\,\underline{+12b}\,\underline{+10a}\,\underline{-14b}$
$=13a-2b$

分配法則を使ってかっこをはずす
同類項をまとめる

Check!
分配法則
$a(b+c)=ab+ac$
$(a+b)\times c=ac+bc$

- 多項式と数の乗法は，分配法則を使って計算する。

  例 $2(3x-5y)=2\times3x+2\times(-5y)=6x-10y$
- 多項式と数の除法は，乗法になおして計算するとよい。

  例 $(6a+10b)\div2=(6a+10b)\times\frac{1}{2}=6a\times\frac{1}{2}+10b\times\frac{1}{2}=3a+5b$

  逆数をかける

- かっこをはずすときは，符号の変化に注意する。
- 分配法則を使うときは後ろの項にも忘れずにかける。

例題① 多項式の加法と減法

次の計算をしなさい。

❶ $(3a+b)+(5a-2b)$　❷ $(7x^2-2x)-(3x^2-5x)$

ポイント かっこをはずして，同類項をまとめる。

解き方と答え

❶ $(3a+b)+(5a-2b)=3a+b+5a-2b=\mathbf{8a-b}$

❷ $(7x^2-2x)-(3x^2-5x)=7x^2-2x-3x^2+5x=\mathbf{4x^2+3x}$

x^2 と x は同類項ではない

例題② いろいろな式の計算

次の計算をしなさい。

❶ $-4(2x-5y)$　❷ $(9a-6b+5)\div 3$

❸ $4(2x-y)-3(x+y)$ 〔群馬〕　❹ $\dfrac{x+y}{2}-\dfrac{2x-3y}{3}$

ポイント 分配法則を使って，かっこをはずす。

解き方と答え

❶ $-4(2x-5y)=-4\times 2x+(-4)\times(-5y)=\mathbf{-8x+20y}$

❷ $(9a-6b+5)\div 3=(9a-6b+5)\times\dfrac{1}{3}=\mathbf{3a-2b+\dfrac{5}{3}}$

❸ $4(2x-y)-3(x+y)=8x-4y-3x-3y=\mathbf{5x-7y}$

❹ 次の２通りの解き方がある。

① $\dfrac{x+y}{2}-\dfrac{2x-3y}{3}=\dfrac{3(x+y)-2(2x-3y)}{6}$ ← 通分して１つの分数の形にまとめる

$=\dfrac{3x+3y-4x+6y}{6}=\mathbf{\dfrac{-x+9y}{6}}$

② $\dfrac{x+y}{2}-\dfrac{2x-3y}{3}=\dfrac{1}{2}(x+y)-\dfrac{1}{3}(2x-3y)$ ← (分数)×(多項式)の形になおす

$=\dfrac{1}{2}x+\dfrac{1}{2}y-\dfrac{2}{3}x+y=\mathbf{-\dfrac{1}{6}x+\dfrac{3}{2}y}$

月　日

5．単項式の乗法と除法

2年

① 単項式の乗法と除法★★

❶ 乗法

係数の積　文字の積

$$2a^2\times(-4a)=2\times(-4)\times a^2\times a$$
$$=-8a^3$$

Check!

指数法則

$a^m\times a^n=a^{m+n}$

$(a^m)^n=a^{m\times n}$

$(ab)^n=a^nb^n$

❷ 除法

逆数をかける

$$12ab\div6a=12ab\times\frac{1}{6a}=\frac{12ab}{6a}=\frac{\overset{2}{\cancel{12}}\times\overset{1}{\cancel{a}}\times b}{\underset{1}{\cancel{6}}\times\underset{1}{\cancel{a}}}$$ ← 約分する

$$=2b$$

- 単項式どうしの乗法は，係数の積に文字の積をかける。
- 単項式どうしの除法は，わる式の逆数をかける乗法になおす。

② 乗法と除法の混じった計算★★★

$$\frac{1}{2}x\div\frac{2}{5}xy\times(-4y^2)=\frac{x}{2}\times\frac{5}{2xy}\times(-4y^2)$$ ← 乗法だけの式になおす

$$=-\frac{x\times5\times4y^2}{2\times2xy}$$

符号を決める

$$=-\frac{\overset{1}{\cancel{x}}\times5\times\overset{1}{\cancel{4}}\times\overset{1}{\cancel{y}}\times y}{\underset{1}{\cancel{2}}\times\underset{1}{\cancel{2}}\times\underset{1}{\cancel{x}}\times\underset{1}{\cancel{y}}}$$ ← まとめて約分する

$$=-5y$$

- 乗法と除法の混じった計算は，乗法だけの式になおして約分する。
- 答えの符号は，負の係数をもつ式が偶数個のときは＋，奇数個のときは－である。

乗法と除法の混じった計算では，先に答えの符号を決めてから約分するとよい。

例題① 単項式の乗法と除法

次の計算をしなさい。

❶ $(-3a)\times 8b$　❷ $2xy\times(-5y)^2$

❸ $(-7x^3)\div(-21x)$　❹ $(-3ab)^2\div\left(-\frac{1}{3}a\right)$ 〔鳥取〕

ポイント 除法は乗法になおして計算する。

解き方と答え

❶ $(-3a)\times 8b=(-3)\times 8\times a\times b$

$=-24ab$

❷ $2xy\times(-5y)^2=2xy\times 25y^2=50xy^3$

❸ $(-7x^3)\div(-21x)=\dfrac{7x^3}{21x}=\dfrac{x^2}{3}$

❹ $(-3ab)^2\div\left(-\frac{1}{3}a\right)=9a^2b^2\times\left(-\frac{3}{a}\right)$

$=-\dfrac{9a^2b^2\times 3}{a}=-27ab^2$

入試で注意

❹ $-\frac{1}{3}a$ の逆数を $-3a$ としないように注意。

$-\frac{1}{3}a=-\frac{a}{3}$ だから，

逆数は $-\frac{3}{a}$ である。

例題② 乗法と除法の混じった計算

次の計算をしなさい。

❶ $(-12ab^2)\div 4ab\times(-2b)$　❷ $9ab^2\times\left(-\frac{2}{3}ab\right)^2\div\left(-\frac{2}{7}a\right)$

ポイント 乗法だけの式になおして約分する。

解き方と答え

❶ $(-12ab^2)\div 4ab\times(-2b)=\dfrac{12ab^2\times 2b}{4ab}=6b^2$

❷ $9ab^2\times\left(-\frac{2}{3}ab\right)^2\div\left(-\frac{2}{7}a\right)=9ab^2\times\frac{4}{9}a^2b^2\times\left(-\frac{7}{2a}\right)$

$=-\dfrac{9ab^2\times 4a^2b^2\times 7}{9\times 2a}=-14a^2b^4$

月　日

6. 式の利用

2年

① 等式の変形★★

問 $3x-5y=9$ をxについて解きなさい。

解 $3x-5y=9$

$3x=5y+9$ （$-5y$ を移項する）

$x=\frac{5}{3}y+3$ （両辺を3でわる）

Check!
移項（いこう）
等式の一方の辺の項を，符号を変えて他方の辺に移すこと。

- xをふくむ等式を変形して，「$x=\sim$」の等式を導くことを，式をxについて解くという。
- 等式をある文字について解くときは，**等式の性質**を使う。

$A=B$ ならば，$A+C=B+C$

$A-C=B-C$

$A\times C=B\times C$

$A\div C=B\div C\ (C\neq 0)$

② 式による証明★★

問 偶数と奇数の和は奇数になる。このことを文字を使って証明しなさい。

解 m，n を整数とすると，偶数は $2m$，奇数は $2n+1$ と表される。

これらの2数の和は，$2m+(2n+1)=2m+2n+1$

$=2(m+n)+1$

$m+n$ は整数だから，$2(m+n)+1$ は奇数である。

したがって，偶数と奇数の和は奇数である。

- m，n を整数とすると，偶数は $2m$，奇数は $2n+1$ または $2n-1$
- nを整数とすると，連続する整数は，

……，$n-2$，$n-1$，n，$n+1$，$n+2$，……

得点UP! 偶数・奇数，2けたの自然数など，文字を使ったいろいろな表し方を頭に入れておく。

例題① 等式の変形

次の等式を，（　）の中の文字について解きなさい。

❶ $V=\frac{1}{3}Sh$　(h)　　❷ $\frac{b}{5}-2=a$　(b)　〔秋田〕

ポイント 指定された文字が左辺にくるように変形する。

解き方と答え

❶ 左辺と右辺を入れかえると，$\frac{1}{3}Sh=V$

$\frac{1}{3}Sh\times3=V\times3$

両辺に3をかけると，$Sh=3V$

$Sh\div S=3V\div S$

両辺をSでわると，$h=\frac{3V}{S}$

❷ -2を移項すると，$\frac{b}{5}=a+2$

$\frac{b}{5}\times5=(a+2)\times5$

両辺に5をかけると，$b=5a+10$

証明

例題② 式による証明

2けたの自然数と，その数の十の位と一の位を入れかえてできる数との差は，9の倍数になる。このことを文字を使って証明しなさい。

ポイント 2けたの自然数は$10a+b$と表される。

解き方と答え

もとの数の十の位の数をa，一の位の数をbとすると，この数は$10a+b$と表される。

また，十の位と一の位を入れかえてできる数は$10b+a$と表される。

これらの2数の差は，

$10a+b-(10b+a)=9a-9b=9(a-b)$

$a-b$は整数だから，$9(a-b)$は9の倍数である。

文字で表そう！

月　日

7．多項式の乗法と除法

3年

① 多項式と単項式の乗除★★

❶ 乗法

$-2x\times(5x-3)$

$=-2x\times5x+(-2x)\times(-3)$

$=-10x^2+6x$

❷ 除法

$(8a^2-4a)\div2a$

$=(8a^2-4a)\times\dfrac{1}{2a}$　乗法になおす

$=\dfrac{8a^2}{2a}-\dfrac{4a}{2a}$

$=4a-2$

- 多項式と単項式の乗法は，**分配法則**を使って計算する。
- 多項式と単項式の除法は，乗法になおして計算するとよい。

② 多項式の乗法★★

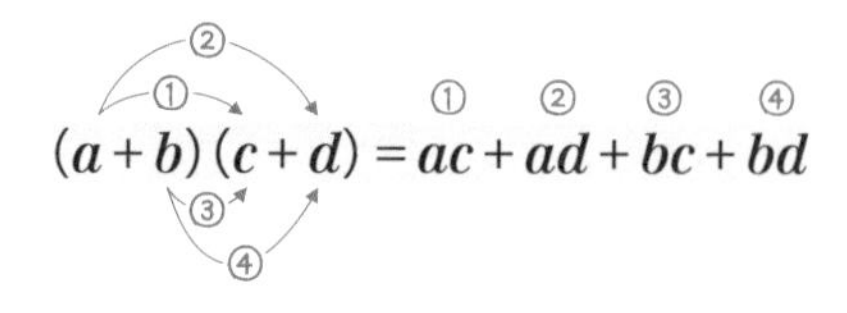

↓

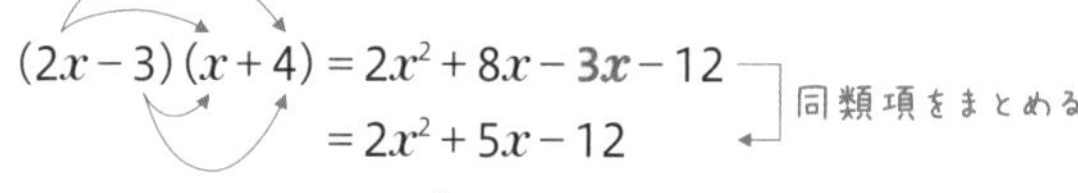

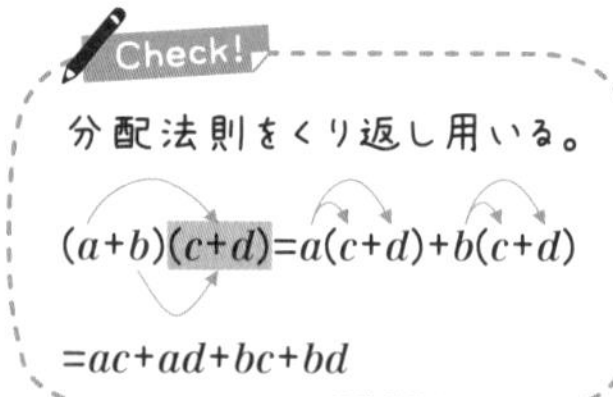

- 単項式と多項式，または多項式と多項式の積の形の式を，単項式の和の形の式に表すことを，もとの式を展開するという。

多項式と単項式の乗除は，多項式と数の乗除と同じように考えて計算すればよい。

例題① 多項式と単項式の乗除

次の計算をしなさい。

❶ $-2x(3x+y)$

❷ $(9x-6y)\times\left(-\frac{2}{3}xy\right)$

❸ $(6a^2b+9ab^2)\div(-3ab)$

❹ $(8x^2y-12xy^2)\div\left(-\frac{4}{5}x\right)$

ポイント 除法は，わる式を逆数にして，乗法になおす。

解き方と答え

❶ $-2x(3x+y)$
← 分配法則を使う
$=-2x\times3x+(-2x)\times y$
$=-6x^2-2xy$

❷ $(9x-6y)\times\left(-\frac{2}{3}xy\right)$
$=9x\times\left(-\frac{2}{3}xy\right)+(-6y)\times\left(-\frac{2}{3}xy\right)$
$=-6x^2y+4xy^2$

❸ $(6a^2b+9ab^2)\div(-3ab)$
$=(6a^2b+9ab^2)\times\left(-\frac{1}{3ab}\right)$
$=-2a-3b$

❹ $(8x^2y-12xy^2)\div\left(-\frac{4}{5}x\right)$
$=(8x^2y-12xy^2)\times\left(-\frac{5}{4x}\right)$
$=-10xy+15y^2$

例題② 多項式の乗法

次の式を展開しなさい。

❶ $(2x+1)(x-5)$

❷ $(x-3y)(3x+2y)$ 〔大阪〕

ポイント 同類項は，計算して１つにまとめる。

解き方と答え

❶ $(2x+1)(x-5)=2x^2-10x+x-5=2x^2-9x-5$
← 同類項は１つにまとめる

❷ $(x-3y)(3x+2y)=3x^2+2xy-9xy-6y^2$
$=3x^2-7xy-6y^2$

月　日

8．乗法公式

3年

① 乗法公式★★★

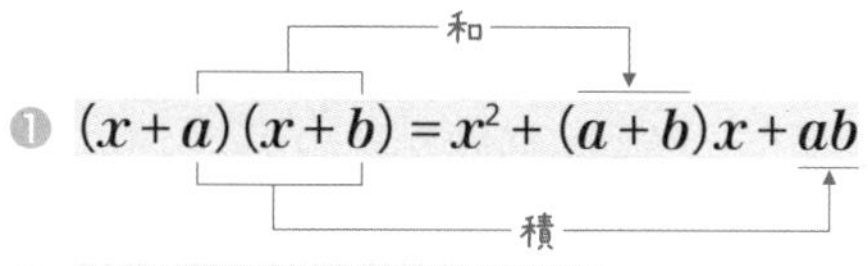

❶ $(x+a)(x+b)=x^2+(a+b)x+ab$

❷ $(x+a)^2=x^2+2ax+a^2$

2倍
2乗

❸ $(x-a)^2=x^2-2ax+a^2$

2倍
2乗

❹ $(x+a)(x-a)=x^2-a^2$

- 乗法公式を使って式を展開することができる。

例　① $(x+2)(x+3)=x^2+(2+3)x+2\times3=x^2+5x+6$

② $(x+5)^2=x^2+2\times5\times x+5^2=x^2+10x+25$

③ $(x-3)^2=x^2-2\times3\times x+3^2=x^2-6x+9$

④ $(x+4)(x-4)=x^2-4^2=x^2-16$

② いろいろな式の展開★★★

$(x+y+2)(x+y+3)$

$=(M+2)(M+3)$　← $x+y=M$ とおく

$=M^2+5M+6$　← 展開する

$=(x+y)^2+5(x+y)+6$　← M をもとにもどす

$=x^2+2xy+y^2+5x+5y+6$　← 展開する

- 乗法公式がすぐ使えないような複雑な式を展開するときには，式を変形したり，同じ式を１つの文字におきかえてみると乗法公式が使える場合がある。

乗法公式は，公式 $(a+b)(c+d)=ac+ad+bc+bd$ を使って導くことができる。

例題 ① 乗法公式

次の式を展開しなさい。

❶ $(a-2)(a+3)$　　❷ $(3a-4b)^2$

❸ $(-a-3)(a-3)$　　❹ $(x+2)(x+3)-(x+4)^2$ 〔神奈川〕

ポイント 乗法公式を使って展開する。

解き方と答え

❶ $(a-2)(a+3)=a^2+(-2+3)a+(-2)\times3$

$=\boldsymbol{a^2+a-6}$

❷ $(3a-4b)^2$

$=(3a)^2-2\times4b\times\boldsymbol{3a}+(\boldsymbol{4b})^2$

$=9a^2-24ab+16b^2$

❸ $(\underline{-a-3})(a-3)=-(\boldsymbol{a+3})(a-3)$

↑ マイナスでくくる

$=-(a^2-3^2)=-a^2+9$

❹ $(x+2)(x+3)-(x+4)^2=x^2+5x+6-(x^2+8x+16)$

$=\boldsymbol{-3x-10}$

Check!
❷では，$3a$，$4b$ をそれぞれ 1 つの文字とみると，乗法公式を利用できる。

例題 ② いろいろな式の展開

次の式を展開しなさい。

❶ $(x-y+2)^2$　　❷ $(a-b+3)(a+b-3)$

ポイント 共通する部分を 1 つの文字とみて乗法公式を使う。

解き方と答え

❶ $(x-y+2)^2=\{\underline{(x-y)}+2\}^2=(x-y)^2+\boldsymbol{4}(x-y)+4$

↑ 1 つの文字とみる

$=x^2-2xy+y^2+\boldsymbol{4x}-4y+4$

❷ $(a\underline{-b+3})(a+b-3)=\{a-\underline{(b-3)}\}\{a+\underline{(b-3)}\}=\boldsymbol{a^2-(b-3)^2}$

↑ マイナスでくくる　　↑ 1 つの文字とみる ↑

$=a^2-(b^2-6b+9)=a^2-b^2+6b-9$

月　日

9. 因数分解

3年

① 共通因数でくくる因数分解★★

$$ma + mb = m(a + b)$$

共通因数　↑共通因数でくくる

共通因数
多項式で，すべての項に共通な因数。

● 1つの多項式をいくつかの単項式や多項式の積の形に表すことを因数分解するという。因数分解したとき，それぞれの単項式や多項式を，もとの式の因数という。

● 共通因数は全部くくり出す。

例　$3a^2b - 6ab^2 - 9ab = 3ab \times a + 3ab \times (-2b) + 3ab \times (-3)$
$= \mathbf{3ab(a-2b-3)}$

② 公式を利用する因数分解★★★

❶ $x^2 + (\underset{和}{\underline{a+b}})x + \underset{積}{\underline{ab}} = (x+a)(x+b)$

❷ $x^2 + \underset{2倍}{\underline{2ax}} + \underset{2乗}{\underline{a^2}} = (x+a)^2$

❸ $x^2 - \underset{2倍}{\underline{2ax}} + \underset{2乗}{\underline{a^2}} = (x-a)^2$

❹ $x^2 - a^2 = (x+a)(x-a)$

Check!
❶の式で，abが正の数のときa，bは同符号，負の数のときは異符号になる。

● 乗法公式を逆に使って，式を因数分解することができる。

例　① $x^2 + 6x + 8 = x^2 + (2+4)x + 2 \times 4$
$= (x+2)(x+4)$
↑和が6，積が8になる2数

② $x^2 + 12x + 36 = x^2 + 2 \times 6 \times x + 6^2$
$= (x+6)^2$
↑2倍が12，2乗が36になる数

③ $x^2 - 18x + 81 = x^2 - 2 \times 9 \times x + 9^2 = (x-9)^2$

④ $x^2 - 25 = x^2 - 5^2 = (x+5)(x-5)$

因数分解では，まず共通因数があるかどうか調べるのが基本である。また，因数分解はそれ以上できないところまでする。

part 1 数と式
part 2 方程式
part 3 関数
part 4 図形①
part 5 図形②
part 6 データの活用
入試直前チェック

例題① 共通因数でくくる因数分解

次の式を因数分解しなさい。

❶ $3ax-9ay+15a^2$　　❷ $8a^2b-4ab^2-12a^2b^2$

ポイント 共通因数をくくり出して，因数分解する。

解き方と答え

❶ $3ax-9ay+15a^2=3a\times x+3a\times(-3y)+3a\times 5a$

$=3a(x-3y+5a)$

❷ $8a^2b-4ab^2-12a^2b^2$

$=4ab\times 2a+4ab\times(-b)+4ab\times(-3ab)=4ab(2a-b-3ab)$

例題② 公式を利用する因数分解

次の式を因数分解しなさい。

❶ $x^2-9x+18$　　❷ $x^2+14xy+49y^2$

❸ $x^2-xy+\frac{1}{4}y^2$　　❹ $4x^2-25$ 〔茨城〕

❺ $-3x^2y+3xy+6y$　　❻ $18ax^2-8ay^2$

ポイント 共通因数を探す → 公式を利用する

解き方と答え

❶ $x^2-9x+18=x^2+(-3-6)x+(-3)\times(-6)=(x-3)(x-6)$

❷ $x^2+14xy+49y^2=x^2+2\times 7y\times x+(7y)^2=(x+7y)^2$

❸ $x^2-xy+\frac{1}{4}y^2=x^2-2\times\frac{1}{2}y\times x+\left(\frac{1}{2}y\right)^2=\left(x-\frac{1}{2}y\right)^2$

❹ $4x^2-25=(2x)^2-5^2=(2x+5)(2x-5)$

❺ $-3x^2y+3xy+6y=\underline{-3y}(x^2-x-2)$

↑共通因数でくくる

$=-3y(x-2)(x+1)$

❻ $18ax^2-8ay^2=2a(9x^2-4y^2)=2a(3x+2y)(3x-2y)$

月　日

10. いろいろな因数分解 1年 3年

① おきかえを利用する因数分解★★★

$(x+2)^2-6(x+2)+9$
$=M^2-6M+9$
$=(M-3)^2$
$=\{(x+2)-3\}^2$
$=(x-1)^2$

$x+2=M$ とおく
公式の利用
M をもとにもどす
かっこの中を計算する

- 式の中の共通な部分を１つの文字におきかえて考える。
- 項を適当に組み合わせて，共通因数でくくると，共通な部分ができる場合がある。

例 $ax+by-ay-bx=ax-bx-ay+by$
$=(a-b)x-(a-b)y$
$=(a-b)(x-y)$

② 素因数分解（そいんすうぶんかい）★

素数でわっていく →
2) 120
2) 60
2) 30
3) 15
5
÷2 ÷2 ÷2 ÷3
商が素数になるまで続ける →

素因数の積の形で表す → $120=2\times2\times2\times3\times5=2^3\times3\times5$

- 2，3，5，7のように１とその数のほかに約数がない数を素数という。
- 素数である因数を**素因数**といい，自然数を素因数の積に分解することを**素因数分解**という。
- 素因数分解の手順は，
  ① 素数で順にわっていき，商が素数になるまで続ける。
  ② それらの素因数の積の形で表す。同じ数の積は累乗の形で表す。

式を1つの文字におきかえて因数分解したとき，おきかえた文字をもとの式にもどすことを忘れないように注意する。

例題① おきかえを利用する因数分解

次の式を因数分解しなさい。

❶ $2x(a-1)+y(a-1)$　❷ $(x-2)^2+4(x-2)-12$ 〔福井〕

❸ $x^2-y+xy-x$　❹ $a^2+2ab+b^2-1$

ポイント 共通因数を1つの文字におきかえて考える。

解き方と答え

❶ $2x\underline{(a-1)}+y\underline{(a-1)}=2xM+yM=M(2x+y)$
　↑共通因数↑

$=(a-1)(2x+y)$

❷ $(x-2)^2+4(x-2)-12=M^2+4M-12=(M+6)(M-2)$

$=(x-2+6)(x-2-2)=(x+4)(x-4)$

❸ $x^2-y+xy-x=x^2+xy-x-y=x\underline{(x+y)}-\underline{(x+y)}$
　↑共通因数↑

$=(x+y)(x-1)$

❹ $a^2+2ab+b^2-1=(a^2+2ab+b^2)-1$

$=(a+b)^2-1^2=\{(a+b)+1\}\{(a+b)-1\}$

$=(a+b+1)(a+b-1)$

例題② 素因数分解

90にできるだけ小さい自然数をかけて，ある自然数の2乗になるようにしたい。どんな数をかければよいですか。

ポイント 90を素因数分解して，かける数を考える。

解き方と答え

右のように，90を素因数分解すると，

$90=2\times3^2\times5$ だから，$2\times5(=10)$ をかけると，

$90\times2\times5=2^2\times3^2\times5^2=(2\times3\times5)^2=30^2$ となる。

$$\begin{array}{r|l} 2 & 90 \\ 3 & 45 \\ 3 & 15 \\ & 5 \end{array}$$

答 10

11. 平方根

3年

① 平方根★★

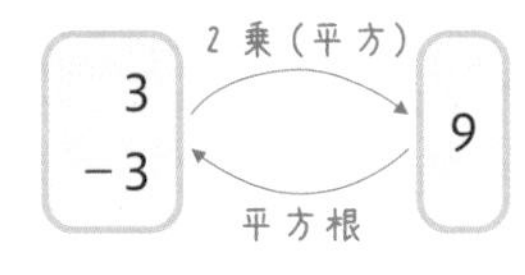

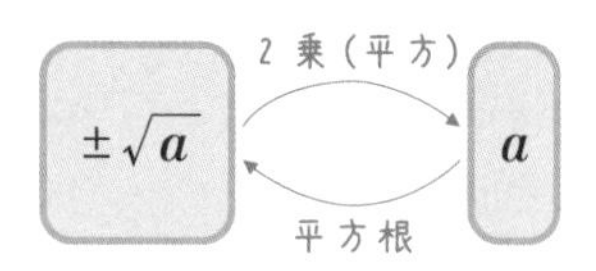

- 2乗（平方）してaになる数をaの**平方根**という。つまり，aの平方根は $x^2=a$ となるxの値のことである。

  例　9の平方根は，3と −3の2つある。

  　　0の平方根は0だけである。

- 正の数aの2つの平方根を，記号$\sqrt{\ }$を用いて，正のほうを$\sqrt{a}$，負のほうを$-\sqrt{a}$と書き，これらをまとめて$\pm\sqrt{a}$と書く。
- $\sqrt{\ }$の記号を**根号**（こんごう）といい，$\sqrt{a}$をルートaと読む。
- 2つの整数a，bで，$a<b$ ならば，$\sqrt{a}<\sqrt{b}$

  例　$7<13$ であるから，$\sqrt{7}<\sqrt{13}$

② 有理数と無理数★

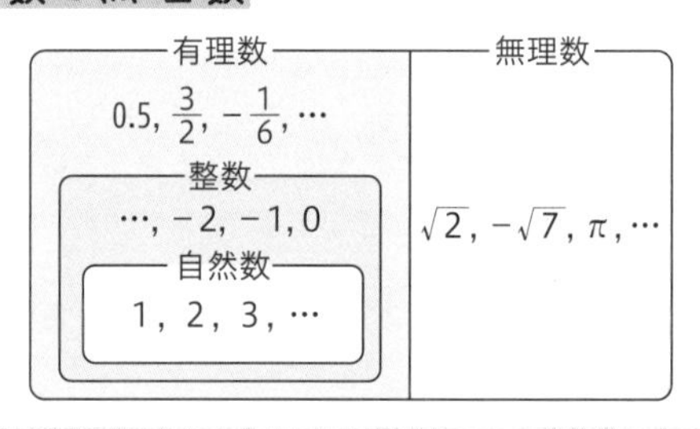

- aを整数，bを0でない整数とするとき，$\frac{a}{b}$のように分数で表すことができる数を**有理数**という。
- 分数で表すことができない数を**無理数**という。

得点UP!
- 平方根の定義は正確に理解しておく。
- 平方根の大小は，$\sqrt{\quad}$ の中の数の大きさで比べる。

例題① 平方根

❶ 次の数の平方根を求めなさい。

① 25　　② 64　　③ 7

❷ 次の数を，根号を使わないで表しなさい。

① $-\sqrt{49}$　　② $\sqrt{0.04}$

ポイント 正の数の平方根は，正と負の2つある。

解き方と答え

❶① $5^2=25$，$(-5)^2=25$ だから，5，-5

② $8^2=64$，$(-8)^2=64$ だから，8，-8

③ 根号を使って表すと，$\pm\sqrt{7}$

❷① $-\sqrt{49}=-\sqrt{7^2}=-7$

② $\sqrt{0.04}=\sqrt{0.2^2}=0.2$

例題② 平方根の大小

❶ 次の各組の数の大小を比べなさい。

① $\sqrt{31}$，$\sqrt{33}$　　② $\sqrt{47}$，7

❷ a は自然数で，$8<\sqrt{a}<9$ である。このとき，a にあてはまる数の個数を求めなさい。〔熊本〕

ポイント それぞれの数を2乗して比べる。

解き方と答え

❶① $31<33$ だから，$\sqrt{31}<\sqrt{33}$

② $(\sqrt{47})^2=47$，$7^2=49$

$47<49$ だから，$\sqrt{47}<7$

❷ 各辺を2乗すると，$8^2<(\sqrt{a})^2<9^2$ だから，$64<a<81$

よって，a は65から80までの自然数だから，

$80-65+1=16$（個）

月　日

12. 根号をふくむ式の計算 ① 3年

① 根号をふくむ式の乗法と除法★★★

$a>0$, $b>0$ のとき

❶ 乗法

$$\sqrt{a}\times\sqrt{b}=\sqrt{ab}$$

❷ 除法

$$\sqrt{a}\div\sqrt{b}=\sqrt{\frac{a}{b}}$$

❸ 根号のついた数の変形

$$a\sqrt{b}=\sqrt{a^2b}\qquad \sqrt{a^2b}=a\sqrt{b}$$

- $\sqrt{\ }$ のついた数の乗法や除法は，$\sqrt{\ }$ の中の数どうしの積や商を求め，それに $\sqrt{\ }$ をつければよい。

例 $\sqrt{2}\times\sqrt{3}=\sqrt{2\times3}=\sqrt{6}$

$\sqrt{35}\div\sqrt{7}=\sqrt{\frac{35}{7}}=\sqrt{5}$

- $\sqrt{\ }$ の外にある数を２乗して $\sqrt{\ }$ の中に入れることができる。また，$\sqrt{\ }$ の中の２乗になっている数は $\sqrt{\ }$ の外に出せる。

例 $2\sqrt{3}=\sqrt{2^2\times3}=\sqrt{12}$

$\sqrt{18}=\sqrt{2\times3^2}=3\sqrt{2}$

② 分母の有理化（ゆうりか）★★★

$a>0$, $b>0$ のとき

$$\frac{\sqrt{a}}{\sqrt{b}}=\frac{\sqrt{a}\times\sqrt{b}}{\sqrt{b}\times\sqrt{b}}=\frac{\sqrt{ab}}{b}$$

分母と分子に $\sqrt{b}$ をかける

入試で注意

分母だけにかけて，分子にかけ忘れないように注意しよう。

- 分母に $\sqrt{\ }$ がある数を，分母と分子に同じ数をかけて，分母に $\sqrt{\ }$ がない形に表すことを分母の有理化という。

例 $\frac{\sqrt{2}}{\sqrt{3}}=\frac{\sqrt{2}\times\sqrt{3}}{\sqrt{3}\times\sqrt{3}}=\frac{\sqrt{6}}{3}$

$\sqrt{}$ の中の数を素因数分解して2乗になっている数が見つかれば，その数を $\sqrt{}$ の外に出すことができる。

例題① 根号をふくむ式の乗法と除法

次の計算をしなさい。

❶ $\sqrt{11}\times\sqrt{3}$　　❷ $\sqrt{50}\div\sqrt{10}$

❸ $\sqrt{12}\times(-\sqrt{45})$　　❹ $\sqrt{96}\div\sqrt{2}$

ポイント $\sqrt{}$ の中の数はできるだけ小さい自然数にする。

解き方と答え

❶ $\sqrt{11}\times\sqrt{3}=\sqrt{11\times3}=\sqrt{33}$

❷ $\sqrt{50}\div\sqrt{10}=\dfrac{\sqrt{50}}{\sqrt{10}}=\sqrt{\dfrac{50}{10}}=\sqrt{5}$

❸ $\sqrt{12}\times(-\sqrt{45})=\sqrt{2^2\times3}\times(-\sqrt{3^2\times5})=2\sqrt{3}\times(-3\sqrt{5})$

$=2\times(-3)\times\sqrt{3}\times\sqrt{5}=-6\sqrt{15}$

❹ $\sqrt{96}\div\sqrt{2}=\sqrt{48}=\sqrt{3\times4^2}=4\sqrt{3}$

例題② 分母の有理化

❶ 次の式の分母を有理化しなさい。

① $\dfrac{2}{\sqrt{3}}$　　② $\dfrac{\sqrt{3}}{\sqrt{8}}$

❷ $\sqrt{70}\div\sqrt{15}\times\sqrt{2}$ を計算しなさい。

ポイント ❷ 計算の答えは分母を有理化して表す。

解き方と答え

❶① $\dfrac{2}{\sqrt{3}}=\dfrac{2\times\sqrt{3}}{\sqrt{3}\times\sqrt{3}}=\dfrac{2\sqrt{3}}{3}$

② $\dfrac{\sqrt{3}}{\sqrt{8}}=\dfrac{\sqrt{3}}{2\sqrt{2}}=\dfrac{\sqrt{3}\times\sqrt{2}}{2\sqrt{2}\times\sqrt{2}}=\dfrac{\sqrt{6}}{4}$

❷ $\sqrt{70}\div\sqrt{15}\times\sqrt{2}=\dfrac{\sqrt{70}\times\sqrt{2}}{\sqrt{15}}=\dfrac{\sqrt{28}}{\sqrt{3}}$

$=\dfrac{2\sqrt{7}}{\sqrt{3}}=\dfrac{2\sqrt{21}}{3}$

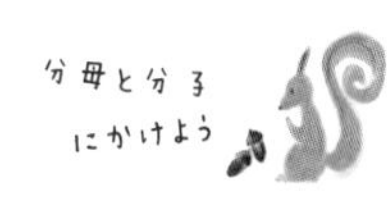

月　日

13. 根号をふくむ式の計算 ②　3年

1 根号をふくむ式の加法と減法★★

❶ 加法

$3\sqrt{2}+4\sqrt{2}=7\sqrt{2}$

$3a+4a=7a$

❷ 減法

$5\sqrt{2}-3\sqrt{2}=2\sqrt{2}$

$5a-3a=2a$

● $\sqrt{}$ の部分が同じときは，同類項と同じようにして1つの項にまとめる。

$m\sqrt{a}+n\sqrt{a}=(m+n)\sqrt{a}$　　$m\sqrt{a}-n\sqrt{a}=(m-n)\sqrt{a}$

例 $2\sqrt{2}+3\sqrt{3}+4\sqrt{2}-\sqrt{3}=(2+4)\sqrt{2}+(3-1)\sqrt{3}$

$=6\sqrt{2}+2\sqrt{3}$

2 根号をふくむ式のいろいろな計算★★★

❶ $\sqrt{5}\times2+\sqrt{15}\div\sqrt{3}$

$=2\sqrt{5}+\sqrt{5}$　← 乗法・除法

$=3\sqrt{5}$　← 加法

❷ $2\sqrt{2}(\sqrt{6}-\sqrt{3})$

$=2\sqrt{2}\sqrt{6}-2\sqrt{2}\sqrt{3}$　← 分配法則を使う

$=4\sqrt{3}-2\sqrt{6}$　← $\sqrt{}$ の部分を計算する

❸ $(\sqrt{7}+4)(\sqrt{7}-3)$

$=(\sqrt{7})^2+(4-3)\sqrt{7}+4\times(-3)$　← $(x+a)(x+b)$ の乗法公式を使う

$=7+\sqrt{7}-12$　← 各項を計算する

$=-5+\sqrt{7}$　← 整数をまとめる

● 根号をふくむ式の四則計算は，数や文字と同じように，
累乗・かっこの中 → 乗除 → 加減 の順に計算する。

● 根号をふくむ式の計算は，$\sqrt{}$ の部分を1つの文字とみて分配法則や乗法公式を使って計算できる。

$\sqrt{\quad}$ の中の数がちがっていても $\sqrt{\quad}$ の中の数をできるだけ簡単にすると，$\sqrt{\quad}$ の中の数が同じになる場合がある。

例題 ① 根号をふくむ式の加法と減法

次の計算をしなさい。

❶ $\sqrt{18}+5\sqrt{2}-\sqrt{32}$　　❷ $\dfrac{1}{\sqrt{2}}+\sqrt{8}-\dfrac{3\sqrt{2}}{2}$

ポイント $\sqrt{\quad}$ の中を簡単にしてから和や差を求める。

解き方と答え

❶ $\sqrt{18}+5\sqrt{2}-\sqrt{32}$

$=\sqrt{3^2\times2}+5\sqrt{2}-\sqrt{4^2\times2}$

$=3\sqrt{2}+5\sqrt{2}-4\sqrt{2}=\mathbf{4\sqrt{2}}$

❷ $\dfrac{1}{\sqrt{2}}+\sqrt{8}-\dfrac{3\sqrt{2}}{2}=\dfrac{1\times\sqrt{2}}{\sqrt{2}\times\sqrt{2}}+\sqrt{2^2\times2}-\dfrac{3\sqrt{2}}{2}$

↑ 分母を有理化する

$=\dfrac{\sqrt{2}}{2}+2\sqrt{2}-\dfrac{3\sqrt{2}}{2}=\mathbf{\sqrt{2}}$

例題 ② 根号をふくむ式のいろいろな計算

次の計算をしなさい。

❶ $\left(\dfrac{1}{\sqrt{3}}-\sqrt{3}\right)\times\sqrt{12}$　　❷ $(\sqrt{3}-2\sqrt{2})^2$

❸ $(2\sqrt{7}-\sqrt{5})(2\sqrt{7}+\sqrt{5})$　〔三重〕

ポイント 分配法則や乗法公式を使う。

解き方と答え

❶ $\left(\dfrac{1}{\sqrt{3}}-\sqrt{3}\right)\times\sqrt{12}=\dfrac{2\sqrt{3}}{\sqrt{3}}-\sqrt{3}\times2\sqrt{3}$

$=2-6=\mathbf{-4}$

❷ $(\sqrt{3}-2\sqrt{2})^2=(\sqrt{3})^2-2\times2\sqrt{2}\times\sqrt{3}+(2\sqrt{2})^2=\mathbf{11-4\sqrt{6}}$

↑ $(x-a)^2=x^2-2ax+a^2$

❸ $(2\sqrt{7}-\sqrt{5})(2\sqrt{7}+\sqrt{5})=(2\sqrt{7})^2-(\sqrt{5})^2$

$=28-5=\mathbf{23}$

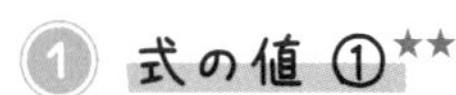

月　日

14. 式の値

2年 3年

① 式の値 ①★★

問 $a=3$, $b=-5$ のとき，$2(a+3b)+4(a-3b)$ の値を求めなさい。

解 $2(a+3b)+4(a-3b)$

$=2a+6b+4a-12b$　まず，式を簡単にする

$=6a-6b$　$a=3, b=-5$ を代入する

$=6\times3-6\times(-5)$　← 負の数を代入するときはかっこをつける

$=48$

Check!

負の数を代入するときや，$\bigcirc^2$ や $\bigcirc^3$ に分数を代入するときは，かっこをつける。

- 式の中の文字を数におきかえることを，文字にその数を**代入する**といい，代入して計算した結果を**式の値**という。
- 式の値を求める問題では，式を計算してから数を代入すると，求めやすくなる場合がある。

② 式の値 ②★★

問 $x=4+\sqrt{5}$ のとき，$x^2-8x+16$ の値を求めなさい。

解 $x^2-8x+16$

$=(x-4)^2$　まず，式を因数分解する

$=(4+\sqrt{5}-4)^2$　x に $4+\sqrt{5}$ を代入する

$=(\sqrt{5})^2$

$=5$

- 式の値を求める問題では，式を因数分解してから数を代入すると，求めやすくなる場合がある。

式の値を求める問題は，与えられた式に直接代入するよりも式を変形してから代入したほうが簡単になる場合が多い。

例題① 式の値 ①

次の式の値を求めなさい。

① $a=5,\ b=-6$ のとき，$(-2ab)^2\times 3b\div 6ab^2$

② $x=-2,\ y=\dfrac{1}{3}$ のとき，$(x-y)^2-(x-3y)(x+y)$

ポイント 式を計算してから代入する。

解き方と答え

❶ $(-2ab)^2\times 3b\div 6ab^2=\dfrac{4a^2b^2\times 3b}{6ab^2}=2ab=2\times 5\times(-6)=-60$

❷ $(x-y)^2-(x-3y)(x+y)=x^2-2xy+y^2-x^2+2xy+3y^2$

$=4y^2=4\times\left(\dfrac{1}{3}\right)^2=\dfrac{4}{9}$

例題② 式の値 ②

次の式の値を求めなさい。

① $a=\sqrt{6}+4$ のとき，$a^2-9a+20$

② $x=\sqrt{7}+2,\ y=\sqrt{7}-2$ のとき，x^2-y^2 〔京都〕

③ $a+b=\sqrt{2},\ ab=2$ のとき，a^2-ab+b^2

ポイント 因数分解を利用して，式を変形してから代入する。

解き方と答え

❶ $a^2-9a+20=(a-4)(a-5)=\{(\sqrt{6}+4)-4\}\{(\sqrt{6}+4)-5\}$

$=\sqrt{6}(\sqrt{6}-1)$

$=6-\sqrt{6}$

❷ $x^2-y^2=(x+y)(x-y)$

$=\{(\sqrt{7}+2)+(\sqrt{7}-2)\}\{(\sqrt{7}+2)-(\sqrt{7}-2)\}$

$=2\sqrt{7}\times 4=8\sqrt{7}$

❸ $a^2-ab+b^2=(a^2+2ab+b^2)-3ab=(a+b)^2-3ab$

$=(\sqrt{2})^2-3\times 2=-4$

月　日

15. 平方根の利用

3年

① 平方根の利用 ①★★

問 $\sqrt{18n}$ が整数となる自然数 n のうち，最小のものを求めなさい。

解 右のように，18 を素因数分解すると，

```
2) 18
3)  9
    3
```

$18=2\times3^2$ だから，$\sqrt{18n}=\sqrt{2\times3^2\times n}=3\sqrt{2n}$

$2n$ がある整数の 2 乗となる最小の自然数 n は，$n=2$

● $\sqrt{a^m b^n}$（a，b は素数）が整数になるには，$a^m b^n$ が 2 乗した数であればよい。したがって，m，n は偶数になる。

② 平方根の利用 ②★★

❶ $\sqrt{7}$ の整数部分

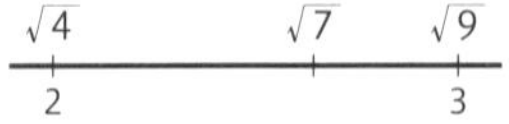

$\sqrt{4}<\sqrt{7}<\sqrt{9}$ だから，$2<\sqrt{7}<3$

よって，整数部分は 2

❷ $\sqrt{7}$ の小数部分

$\sqrt{7}$ ＝ 整数部分 ＋ 小数部分だから，小数部分は $\sqrt{7}-2$

● $\sqrt{n}$ の整数部分を a，小数部分を b とすると，$a\leqq\sqrt{n}<a+1$ で，$\sqrt{n}=a+b$ だから，$b=\sqrt{n}-a$

③ 近似値と有効数字★

有効数字の表し方 → （整数部分が 1 けたの小数）×（10 の累乗）

● 測定値や概数など，真の値に近い値のことを**近似値**という。

● 誤差 ＝ 近似値 － 真の値

● 近似値を表す数のうち，信頼できる数字を**有効数字**という。

得点UP! 平方根の問題では，$1^2=1$，$2^2=4$，$3^2=9$，……など2乗した数がよく利用されるので，頭に入れておくとよい。

例題① 平方根の利用 ①

$\sqrt{\dfrac{60}{n}}$ が整数となる自然数 n のうち，最小のものを求めなさい。

ポイント $\sqrt{\quad}$ の中が2乗した数になるように考える。

解き方と答え

右のように，60を素因数分解すると，

$$\begin{array}{r} 2\underline{)\ 60} \\ 2\underline{)\ 30} \\ 3\underline{)\ 15} \\ 5 \end{array}$$

$\sqrt{\dfrac{60}{n}}=\sqrt{\dfrac{2^2\times3\times5}{n}}$ だから，

$n=3\times5=15$

例題② 平方根の利用 ②

$\sqrt{10}$ の小数部分を a とするとき，$a(a+6)$ の値を求めなさい。〔奈良〕

ポイント まず整数部分を求め，次に小数部分を求める。

解き方と答え

$\sqrt{9}<\sqrt{10}<\sqrt{16}$ だから，$3<\sqrt{10}<4$

よって，$\sqrt{10}$ の整数部分は，3　小数部分 a は，$a=\sqrt{10}-3$

$a(a+6)=(\sqrt{10}-3)\{(\sqrt{10}-3)+6\}=(\sqrt{10}-3)(\sqrt{10}+3)$

$=10-9=1$

例題③ 有効数字

光が1秒間に進む距離の測定値300000 kmを，有効数字を2けたとして，整数部分が1けたの小数と10の累乗との積の形で表しなさい。

〔岐阜〕

ポイント 有効数字を表すときは小数点以下の0も書く。

解き方と答え

有効数字が2けただから，整数部分が1けたの小数は3.0と表される。

よって，3.0×10^5 km

月　日

16. 1次方程式の解き方 1年

① 1次方程式の解き方★★★

$3(x+4)=x+6$
　かっこをはずす
$3x+12=x+6$
　xをふくむ項を左辺に，数の項を右辺に移項する
$3x-x=6-12$
　$ax=b$ の形にする
$2x=-6$
　両辺をxの係数2でわる
$x=-3$

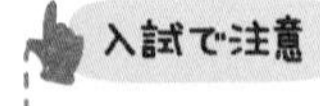

入試で注意

移項するとき，符号の変え忘れに注意しよう。

- 1次方程式の解き方の手順は，
  ① かっこがあればかっこをはずし，係数に分数や小数があれば両辺を何倍かして整数になおす。
  ② xをふくむ項を左辺に，数の項を右辺に移項する。
  ③ 両辺をそれぞれ整理して，$ax=b$ の形にする。
  ④ 両辺をxの係数aでわる。

② 比例式★★

$a:b=c:d$ ならば，$ad=bc$

（外側の項 a と d → ad，内側の項 b と c → bc）

- 2つの等しい比を＝で結んだ式を**比例式**という。
- 比例式の外側の項の積と内側の項の積は等しい。（**比例式の性質**）

例

$x:8=3:2$ ならば，$x\times2=8\times3$

（外側の項 → $x\times2$，内側の項 → 8×3）

$x=\dfrac{24}{2}=12$

方程式の解を求めたら，その解をもとの方程式に代入して，方程式が成り立つかどうか確かめておくとよい。

例題① 1次方程式の解き方

次の方程式を解きなさい。

① $x+5=2x+7$

② $4(x+3)=-5(x-6)$

③ $3.5x-0.4=2.8x+8$

④ $\frac{x-1}{3}=\frac{1}{5}x-1$

ポイント 係数を整数になおすときは両辺を何倍かする。

解き方と答え

❶ $x+5=2x+7$

$x-2x=7-5$

$-x=2$

$x=-2$

❷ $4(x+3)=-5(x-6)$

$4x+12=-5x+30$

$9x=18$

$x=2$

❸ $3.5x-0.4=2.8x+8$

両辺に10をかけて，

$35x-4=28x+80$

$7x=84$

$x=12$

❹ $\frac{x-1}{3}=\frac{1}{5}x-1$

両辺に15をかけて，

$5x-5=3x-15$

$2x=-10$

$x=-5$

例題② 比例式

次の比例式を解きなさい。

① $x:6=5:8$

② $9:(x-2)=3:4$

ポイント 比例式の性質を利用して，方程式の形にする。

解き方と答え

❶ $x:6=5:8$

$x\times8=6\times5$

$8x=30$

$x=\frac{15}{4}$

❷ $9:(x-2)=3:4$

$(x-2)\times3=9\times4$

$3x-6=36$

$3x=42$

$x=14$

月　日

17. 1次方程式の利用

1年

① 代金の問題★★★

問 1本90円の鉛筆と1本130円のボールペンを合わせて15本買ったら，代金の合計は1710円だった。鉛筆とボールペンをそれぞれ何本買いましたか。

解 鉛筆をx本買ったとすると，次の表のように整理できる。

	鉛筆	ボールペン	合計
1本の値段（円）	90	130	
本数（本）	x	$15-x$	15
代金（円）	$90x$	$130(15-x)$	1710

よって，$90x+130(15-x)=1710$

両辺を10でわると，

$9x+13(15-x)=171$

$-4x=-24$

$x=6$

したがって，鉛筆は6本，

ボールペンは $15-6=9$（本）

これは問題に適している。

答　鉛筆6本，ボールペン9本

何をxで表すか決める。
↓
等しい関係にある数量を見つけて，方程式をつくる。
↓
方程式を解く。
↓
答えを決める。

- 方程式を使って問題を解く手順は，
  ① 問題の内容を整理して，何をxで表すか決める。
  ② 等しい関係にある数量を見つけて，方程式をつくる。
  ③ 方程式を解く。
  ④ 解が問題に適しているかどうか確かめ，答えを決める。

問題文の中の数量関係が理解しにくいときは，表や線分図などに表すとよい。

例題① 代金の問題

1個100円のなしと1個50円のみかんを合わせて20個買い，120円のかごにつめたところ，代金は1420円だった。なしとみかんをそれぞれ何個買いましたか。

ポイント なしの代金＋みかんの代金＋かごの代金＝全体の代金

解き方と答え

なしの個数をx個とすると，みかんの個数は$(20-x)$個だから，

$100x+50(20-x)+120=1420$

両辺を10でわると，

$$10x+5(20-x)+12=142$$

$$10x-5x=142-112$$

$$5x=30$$

$$x=6$$

よって，なしは6個，みかんは $20-6=14$（個）

これは問題に適している。

答 なし6個，みかん14個

例題② 過不足の問題

折り紙を，生徒1人に5枚ずつ配ると40枚たりなかった。そこで，3枚ずつ配ることにしたら24枚余った。このとき，生徒の人数を求めなさい。〔茨城〕

ポイント 何枚ずつ配っても全体の折り紙の枚数は変わらない。

解き方と答え

生徒の人数をx人とすると，全体の折り紙の枚数は変わらないから，

$$\underline{5x-40}=\underline{3x+24}$$

↑ 1人に5枚ずつ配ると40枚たりない

↑ 1人に3枚ずつ配ると24枚余る

これを解くと，$x=32$　この解は問題に適している。

答 32人

月　日

18. 連立方程式の解き方 ① 2年

① 加減法★★★

$$\begin{cases} 2x-5y=3 & \cdots\cdots① \\ 3x-2y=21 & \cdots\cdots② \end{cases}$$

①×3
②×2
→
$(2x-5y)\times 3=3\times 3$
$(3x-2y)\times 2=21\times 2$
→

係数の絶対値をそろえる

$$\begin{array}{rr} & 6x-15y=9 \\ -) & 6x-\ \ 4y=42 \\ \hline & -11y=-33 \\ & y=3 \end{array}$$

xを消去

$y=3$ を①に代入して，$2x-5\times 3=3$

$$2x=18$$
$$x=9$$

答　$x=9$，$y=3$

● 連立方程式の左辺どうし，右辺どうしを，それぞれたしたりひいたりして，1つの文字を消去して解く方法を**加減法**という。

② 代入法★★

$$\begin{cases} 2x+3y=16 & \cdots\cdots① \\ y=3x-2 & \cdots\cdots② \end{cases}$$

②を①に代入して，$2x+3(3x-2)=16$ ← yを消去

かっこをつけて代入

$$2x+9x=16+6$$
$$11x=22$$
$$x=2$$

$x=2$ を②に代入して，$y=3\times 2-2=4$

答　$x=2$，$y=4$

● 連立方程式の一方の式を他方の式に代入することによって，1つの文字を消去して解く方法を**代入法**という。

得点UP! 加減法で解くときは，絶対値をそろえやすい係数をもつ文字を選ぶと，計算が楽になる。

例題① 加減法

次の連立方程式を加減法で解きなさい。

❶ $\begin{cases} 3x-4y=-2 & \cdots\cdots ① \\ 4x-5y=-3 & \cdots\cdots ② \end{cases}$

❷ $\begin{cases} 0.5x-0.1y=1 & \cdots\cdots ① \\ -2x+\frac{1}{5}y=-3 & \cdots\cdots ② \end{cases}$

ポイント 係数に小数や分数があるときは，何倍かして整数になおす。

解き方と答え

❶ ①×4－②×3 より，

$$\begin{array}{rl} 12x-16y= & -8 \\ -)\ 12x-15y= & -9 \\ \hline -y= & 1 \\ y= & -1 \end{array}$$

$y=-1$ を①に代入して，$x=-2$

答 $x=-2$，$y=-1$

❷ ①×10＋②×5 より，

$$\begin{array}{rl} 5x-y= & 10 \quad \cdots\cdots ③ \\ +)\ -10x+y= & -15 \\ \hline -5x\quad = & -5 \\ x\quad = & 1 \end{array}$$

$x=1$ を③に代入して，$y=-5$

答 $x=1$，$y=-5$

例題② 代入法

次の連立方程式を代入法で解きなさい。

❶ $\begin{cases} y=6x+9 & \cdots\cdots ① \\ 4x+3y=5 & \cdots\cdots ② \end{cases}$

❷ $\begin{cases} 6x-(2x-3y)=1 & \cdots\cdots ① \\ y=4x-5 & \cdots\cdots ② \end{cases}$

ポイント かっこをふくむときは，かっこをはずして整理して解く。

解き方と答え

❶ ①を②に代入して，

$4x+3(6x+9)=5$

$22x=-22$

$x=-1$

$x=-1$ を①に代入して，$y=3$

答 $x=-1$，$y=3$

❷ ①より，$4x+3y=1$ ……③

②を③に代入して，

$4x+3(4x-5)=1$

$16x=16$

$x=1$

$x=1$ を②に代入して，$y=-1$

答 $x=1$，$y=-1$

月　日

19. 連立方程式の解き方 ② 2年

① $A=B=C$ の形をした方程式★

$$A=B=C$$

↙　↓　↘

㋐ $\begin{cases} A=B \\ A=C \end{cases}$　㋑ $\begin{cases} A=B \\ B=C \end{cases}$　㋒ $\begin{cases} A=C \\ B=C \end{cases}$

- $A=B=C$ の形をした方程式は，上の㋐，㋑，㋒のうち，いずれかの連立方程式をつくって解く。
- 最も簡単な式を２度使った連立方程式をつくると，あとの計算が楽になる。

例　$5x-2y=x+3y=4$ → $\begin{cases} 5x-2y=4 \\ x+3y=4 \end{cases}$

最も簡単な式 → 4

② 連立方程式の解と係数★★

問　連立方程式 $\begin{cases} ax+by=7 \\ ax-by=-5 \end{cases}$ の解が $x=1$，$y=-2$ となるとき，a，b の値を求めなさい。

解　$x=1$，$y=-2$ を代入すると，

$\begin{cases} a-2b=7 \\ a+2b=-5 \end{cases}$ ← a, b についての連立方程式ができる

これを解くと，$a=1$，$b=-3$

- 解を２つの方程式に代入して，係数についての連立方程式をつくる。
- 方程式の解とは，その方程式を成り立たせる文字の値のことである。

連立方程式の解や係数の値を求める問題では，求めた値をもとの式に代入して答えを確かめるとよい。

例題① $A=B=C$ の形をした方程式

次の方程式を解きなさい。

❶ $6x+5y=2x+3y=4$ 〔北海道〕

❷ $4y-6=3x+1=5x-3y+7$

ポイント もっとも簡単な式を2度使って連立方程式をつくる。

解き方と答え

❶ $6x+5y$ と $2x+3y$ のどちらも4に等しいので，$\begin{cases} 6x+5y=4 & \cdots\cdots① \\ 2x+3y=4 & \cdots\cdots② \end{cases}$

①−②×3 より，$-4y=-8$　$y=2$

これを②に代入して，$2x+6=4$　$x=-1$ 　**答** $x=-1$，$y=2$

❷ $\begin{cases} 4y-6=3x+1 \\ 3x+1=5x-3y+7 \end{cases}$ を整理して，$\begin{cases} 3x-4y=-7 & \cdots\cdots① \\ 2x-3y=-6 & \cdots\cdots② \end{cases}$

①×2−②×3 より，$y=4$

これを②に代入して，$2x-12=-6$　$x=3$ 　**答** $x=3$，$y=4$

例題② 連立方程式の解と係数

連立方程式 $\begin{cases} ax+by=11 \\ bx+ay=1 \end{cases}$ の解が $x=-2$，$y=3$ となるとき，a，b の値を求めなさい。

ポイント 解を代入すると，a，b についての連立方程式ができる。

解き方と答え

$x=-2$，$y=3$ を代入すると，$\begin{cases} -2a+3b=11 \\ -2b+3a=1 \end{cases}$ より，

$\begin{cases} -2a+3b=11 & \cdots\cdots① \\ 3a-2b=1 & \cdots\cdots② \end{cases}$

①×2+②×3 より，$5a=25$　$a=5$

これを②に代入して，$15-2b=1$　$b=7$ 　**答** $a=5$，$b=7$

月　日

20. 連立方程式の利用 2年

① 速さの問題★★★

問 ある人がA地から13 km離れたC地に行った。A地から途中のB地までは時速3 km，B地からC地までは時速6 kmで歩いて，全体で3時間かかった。A地からB地までの道のりとB地からC地までの道のりはそれぞれ何kmですか。

解 A地からB地までの道のりをx km，B地からC地までの道のりをy kmとする。

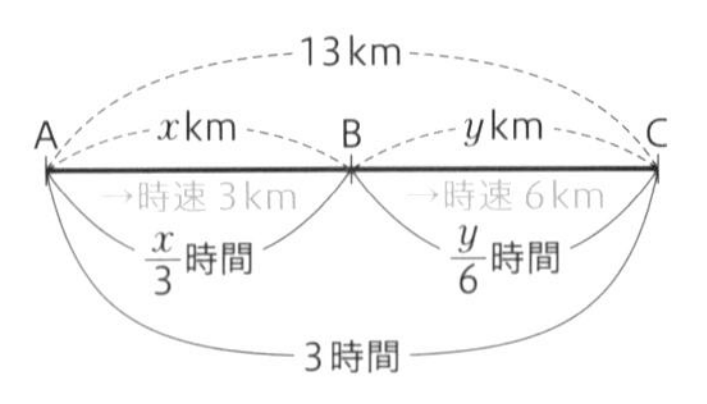

上の図より，

$$\begin{cases} x+y=13 \\ \frac{x}{3}+\frac{y}{6}=3 \end{cases}$$

←道のりの関係
←かかった時間の関係

この連立方程式を解くと，

$x=5$，$y=8$

この解は問題に適している。

答 A地からB地まで…5 km
B地からC地まで…8 km

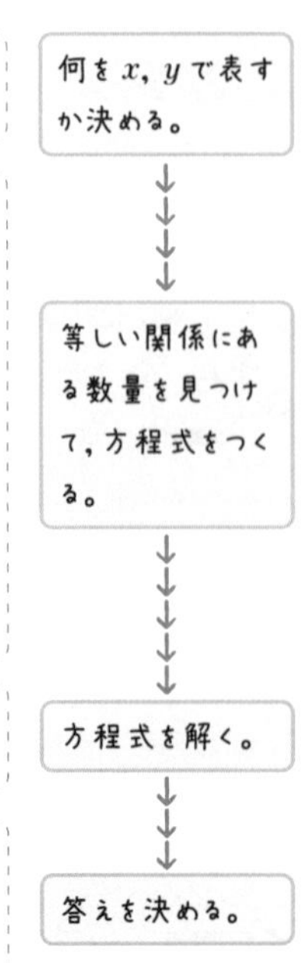

● 方程式を利用する問題でよく使われる公式

① 速さ$=\frac{道のり}{時間}$　時間$=\frac{道のり}{速さ}$　道のり＝速さ×時間

② a gのx％増…$a\left(1+\frac{x}{100}\right)$ g　a gのx％減…$a\left(1-\frac{x}{100}\right)$ g

③ 食塩の重さ＝食塩水の重さ×$\frac{食塩水の濃度(\%)}{100}$

ふつうは求めるものを x, y として連立方程式をつくるが，式が複雑になるときはそれ以外のものを x, y にするとよい。

例題① 速さの問題

周囲 4 km の池のまわりを A，B 2 人がそれぞれ一定の速さで歩く。同時に同じ場所を出発して，逆の方向にまわると 10 分後に出会い，同じ方向にまわると 50 分後に A が B をちょうど 1 周追い抜く。A，B 2 人の分速をそれぞれ求めなさい。

ポイント 出会うときは 2 人の歩いた距離の和が池のまわりの長さになる。

解き方と答え

A の速さを分速 x m，B の速さを分速 y m とする。

逆の方向にまわると 10 分で出会うから，$10x+10y=4000$ ……①

同じ方向にまわると 50 分で A が 1 周の差をつけて B に追いつくから，

$50x-50y=4000$ ……②

①，②を連立方程式として解くと，$x=240$，$y=160$

この解は問題に適している。

答 A の速さ…分速 240 m，B の速さ…分速 160 m

例題② 増減の問題

あるクラブの昨年の部員数は 50 人だった。今年は昨年と比べると，男子は 10 %，女子は 20 %それぞれ増え，全体では 7 人増えた。今年の男子，女子の部員数をそれぞれ求めなさい。

ポイント もととなる昨年の男女の部員数を x, y を使って表す。

解き方と答え

昨年の男子の部員数を x 人，女子の部員数を y 人とすると，

$x+y=50$ ……①

増えた部員数の関係から，$0.1x+0.2y=7$ ……②

①，②を連立方程式として解くと，$x=30$，$y=20$

今年の部員数は，男子 $30\times1.1=33$（人），女子 $20\times1.2=24$（人）

これは問題に適している。

答 男子…33 人，女子…24 人

月　日

21. 2次方程式の解き方 ① 3年

① 平方根の考えを使った解き方★★

❶ $4x^2=12$
$x^2=3$
$x=\pm\sqrt{3}$

（$x^2=$数 の形に変形 → 平方根を求める）

❷ $(x-2)^2=8$
$x-2=\pm\sqrt{8}$
$x-2=\pm 2\sqrt{2}$
$x=2\pm 2\sqrt{2}$

（平方根を求める → $\sqrt{\ }$ の中を小さくする → -2 を移項する）

- $ax^2=b$ を解くには，両辺を x^2 の係数 a でわって $x^2=$数 の形にしてから，平方根を求める。
- $(x+a)^2=b$ を解くには，まず平方根を求めて，$x+a=\pm\sqrt{b}$
次に a を移項して，$x=-a\pm\sqrt{b}$

② 因数分解による解き方★★★

$x^2+x-20=0$
$(x-4)(x+5)=0$
$x-4=0$ または $x+5=0$
したがって，$x=4$，$x=-5$

（因数分解する → $AB=0$ ならば，$A=0$ または $B=0$ → x を求める）

入試で注意

$(x-4)(x+5)=0$ で，$x=-4$, $x=5$ のような符号のミスに注意すること。

- 2 次方程式 $ax^2+bx+c=0$ の左辺が因数分解できるときは，「$AB=0$ ならば，$A=0$ または $B=0$」を利用して解く。
  ① $x(x-a)=0$ ならば，$x=0$ または $x=a$
  ② $(x-a)(x-b)=0$ ならば，$x=a$ または $x=b$
  ③ $(x-a)^2=0$ ならば，$x=a$

得点UP! ふつう2次方程式の解は2つあるが，$(x-a)^2=0$ の形のときは1つである。

例題① 平方根の考えを使った解き方

次の2次方程式を解きなさい。

❶ $12x^2=3$　　❷ $(x-1)^2=3$　〔栃木〕

ポイント x^2＝数，$(x+a)^2$＝数 として，平方根を求める。

解き方と答え

❶ $12x^2=3$

$x^2=\dfrac{1}{4}$　← x^2 の係数でわる

$x=\pm\dfrac{1}{2}$

❷ $(x-1)^2=3$

$x-1=\pm\sqrt{3}$

$x=1\pm\sqrt{3}$　← −1を移項する

例題② 因数分解による解き方

次の2次方程式を解きなさい。

❶ $x^2-4x=0$　　❷ $x^2+7x=18$

❸ $x^2-2x+4=4x-5$

ポイント 右辺が0になるように移項して，左辺を因数分解する。

解き方と答え

❶ $x^2-4x=0$

$x(x-4)=0$　← x でくくって因数分解する

$x=0$ または $x-4=0$

よって，$x=0$，$x=4$

❷ $x^2+7x=18$

$x^2+7x-18=0$　← 右辺を0に

$(x-2)(x+9)=0$　← 因数分解

$x-2=0$ または $x+9=0$

よって，$x=2$，$x=-9$

❸ $x^2-2x+4=4x-5$

$x^2-6x+9=0$

$(x-3)^2=0$

$x-3=0$

よって，$x=3$　← 解は1つ

月　日

22．2次方程式の解き方 ②　3年

① 解の公式による解き方★★★

2 次方程式 $ax^2+bx+c=0$ の解は，

$$x=\frac{-b\pm\sqrt{b^2-4ac}}{2a}$$

解の公式

- 2 次方程式 $ax^2+bx+c=0$ で，a, b, c の値がわかれば，**解の公式**にそれぞれの値を代入して，解を求めることができる。

例　$x^2-2x-4=0$ を解くには，

解の公式に $a=1$，$b=-2$，$c=-4$ を代入して，

$$x=\frac{-(-2)\pm\sqrt{(-2)^2-4\times1\times(-4)}}{2\times1}=\frac{2\pm2\sqrt{5}}{2}$$

$$=1\pm\sqrt{5}$$

② 2 次方程式の解と係数★★

問　2 次方程式 $x^2+ax+b=0$ の解が 2，-3 のとき，a と b の値を求めなさい。

解　$x^2+ax+b=0$ に $x=2$，$x=-3$ をそれぞれ代入すると，

$$\begin{cases}4+2a+b=0\\9-3a+b=0\end{cases}$$ より，

$$\begin{cases}2a+b=-4\\-3a+b=-9\end{cases}$$ ←a, b についての連立方程式ができる

これを解くと，$a=1$，$b=-6$

- 上の問題は次のように解くこともできる。

(別解)解が 2，-3 である 2 次方程式は $(x-2)(x+3)=0$ と表せる。

展開すると，$x^2+x-6=0$

$x^2+ax+b=0$ と比べて，$a=1$，$b=-6$

解の公式は平方根の考えや因数分解を使って解けないときに利用する。公式が複雑なので計算ミスに注意しよう。

例題① 解の公式による解き方

次の2次方程式を解きなさい。

❶ $x^2-6x-2=0$　　❷ $5x^2+10x+4=0$

ポイント 解の公式に，a，b，c の値を代入して計算する。

解き方と答え

❶ 解の公式に $a=1$，$b=-6$，$c=-2$ を代入して，

$$x=\frac{-(-6)\pm\sqrt{(-6)^2-4\times1\times(-2)}}{2\times1}=\frac{6\pm2\sqrt{11}}{2}$$

$$=3\pm\sqrt{11}$$

❷ 解の公式に $a=5$，$b=10$，$c=4$ を代入して，

$$x=\frac{-10\pm\sqrt{10^2-4\times5\times4}}{2\times5}=\frac{-10\pm2\sqrt{5}}{10}$$

$$=\frac{-5\pm\sqrt{5}}{5}$$

解の公式は絶対暗記！

例題② 2次方程式の解と係数

x についての2次方程式 $x^2-ax+2a=0$ の解の1つが3であるとき，a の値を求めなさい。また，もう1つの解を求めなさい。〔静岡〕

ポイント 解を代入すると，a についての方程式ができる。

解き方と答え

$x^2-ax+2a=0$ ……①

①に $x=3$ を代入すると，$9-3a+2a=0$　$-a=-9$

$a=9$

①に $a=9$ を代入すると，$x^2-9x+18=0$　$(x-3)(x-6)=0$

$x=3$，$x=6$

よって，もう1つの解は，$x=6$

答 $a=9$，もう1つの解…$x=6$

月　日

23. 2次方程式の利用 3年

① 数の問題★★

問 和が4，積が2である2つの数を求めなさい。

解 一方をxとすると，他方は$4-x$になるから， ← 何をxで表すか決める

$x(4-x)=2$ ← 方程式をつくる

$x^2-4x+2=0$

$x=\dfrac{4\pm\sqrt{16-8}}{2}=\dfrac{4\pm2\sqrt{2}}{2}$

$=2\pm\sqrt{2}$

方程式を解く

この解は問題に適している。

答 $2+\sqrt{2}$ と $2-\sqrt{2}$

② 図形の問題★★

問 右の図のように，縦8 m，横12 mの長方形の土地に，縦と横に同じ幅の道をつくり，残りを花だんにする。花だんの面積が60 m²になるようにするには，道幅を何mにすればよいですか。

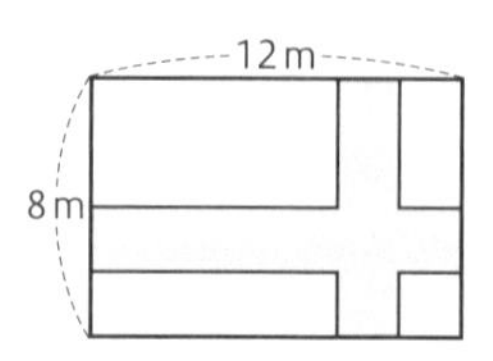

解 右の図のように道を移動させる。

12 m
(12 − x) m
(8 − x) m
8 m

道幅をx mとすると，

$(8-x)(12-x)=60$

$x^2-20x+96=60$

$x^2-20x+36=0$

$(x-2)(x-18)=0$

よって，$x=2$，$x=18$

$8-x>0$ より，$x<8$ でなければならないから，

$x=18$ は問題に適していない。

解が問題に適しているかどうか確かめる

したがって，$x=2$

答 2 m

方程式の解がそのまま答えになるとはかぎらない。必ず解が問題に適しているかどうか確かめよう。

例題① 数の問題

ある2つの正の数の差は4で，それぞれを2乗した数の和は80であるという。この2数を求めなさい。

ポイント 小さいほうを x とすると，大きいほうは $x+4$

解き方と答え

小さいほうの正の数を x とすると，大きいほうは $x+4$ になるから，

$x^2+(x+4)^2=80$

これを展開して整理すると，

$2x^2+8x-64=0$

$x^2+4x-32=0$ ←共通因数の2でわる

$(x+8)(x-4)=0$

よって，$x=4$，$x=-8$

$x>0$ だから，$x=4$ は問題に適するが，$x=-8$ は問題に適していない。

$x=4$ のとき，大きいほうの正の数は，$4+4=8$ 　**答** 4と8

例題② 図形の問題

幅20 cmのトタン板を，右の図のように左右を同じ長さだけ直角に折り曲げて，雨どいをつくる。その切り口（色のついた部分）の面積を50 cm²になるようにするには，左右を何cmずつ折り曲げればよいですか。

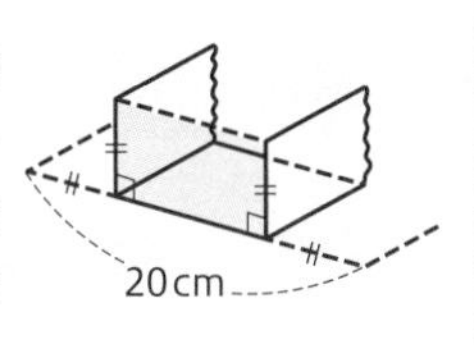

ポイント 左右の折り曲げる長さを x cmとして，方程式をつくる。

解き方と答え

左右の折り曲げる長さを x cmとすると，$x(20-2x)=50$

展開して整理すると，$2x^2-20x+50=0$ より，$x^2-10x+25=0$

$(x-5)^2=0$ 　よって，$x=5$

$0<x<10$ だから，$x=5$ は問題に適する。
（↑10は20 cmの半分）

答 5 cmずつ

月　日

24. 比　例

1年

① 比　例★★

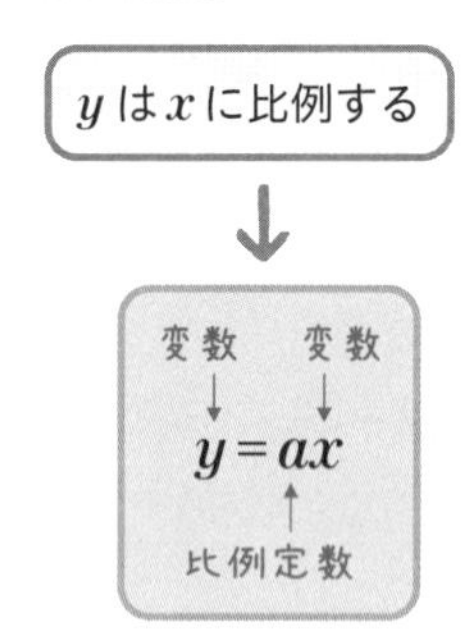

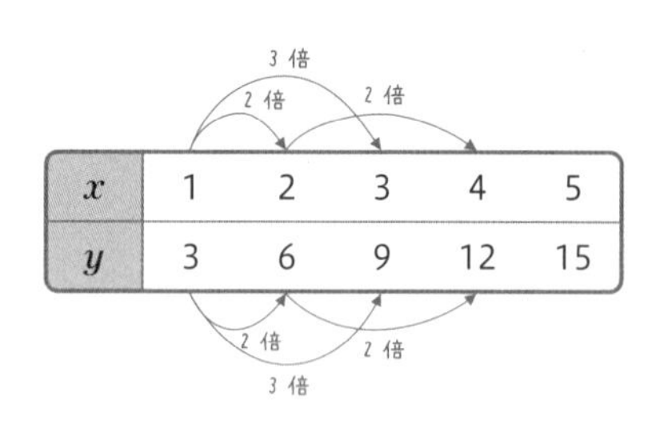

- x, y のようにいろいろな値をとる文字を**変数**といい，変数のとりうる値の範囲を変域という。
- 2つの変数 x, y の関係が $y=ax$ ($a \neq 0$) で表されるとき，y は x に**比例する**という。このとき a を**比例定数**という。
- 比例の関係 $y=ax$ では，x の値が2倍，3倍，……になると，y の値は2倍，3倍，……になる。

② 比例のグラフ★★

❶ $a>0$ のとき

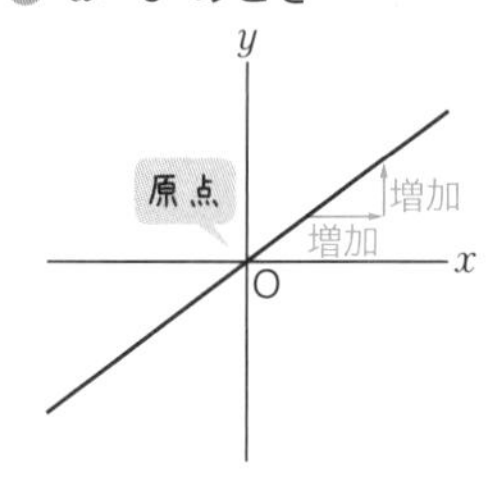

❷ $a<0$ のとき

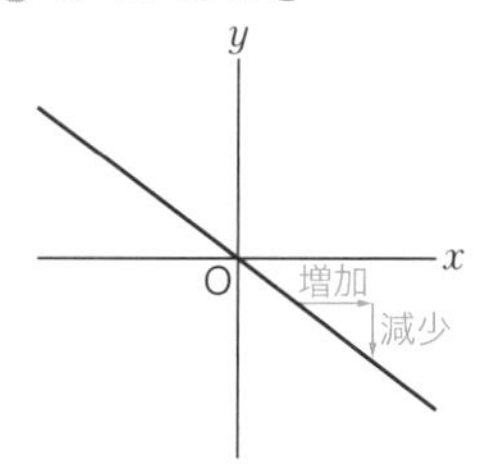

- 比例を表す $y=ax$ のグラフは，原点を通る直線である。
  $a>0$ のときは右上がりのグラフ，$a<0$ のときは右下がりのグラフである。

得点UP! $y=ax$ のグラフは，a の正負によって右上がりか右下がりかがわかる。また a の絶対値が大きいほど傾きが急になる。

part 1 数と式　part 2 方程式　part 3 関数　part 4 図形①　part 5 図形②　part 6 データの活用　入試直前チェック

例題① 比例の式

y が x に比例し，$x=1$ のとき $y=4$ である。$x=-2$ のときの y の値を求めなさい。〔新潟〕

ポイント 式を $y=ax$ とおき，x，y の値から a の値を求める。

解き方と答え

$y=ax$ に $x=1$，$y=4$ を代入すると，$a=4$

$y=4x$ に $x=-2$ を代入して，$y=4\times(-2)=-8$

（別解）$\dfrac{y}{x}$ の値は一定で，$\dfrac{4}{1}=4$

$\dfrac{y}{-2}=4$ より，$y=-8$

例題② 比例のグラフ

右の比例のグラフについて，次の問いに答えなさい。

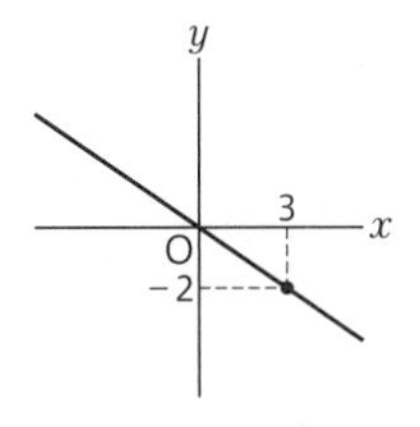

❶ y を x の式で表しなさい。

❷ x の変域が $-3 \leqq x \leqq 6$ のとき，y の変域を求めなさい。

ポイント 比例のグラフは，原点を通る直線である。

解き方と答え

❶ グラフは原点と点 $(3,\ -2)$ を通るから，$y=ax$ に $x=3$，$y=-2$ を代入して，$a=-\dfrac{2}{3}$　よって，$y=-\dfrac{2}{3}x$

❷ ❶の式で $x=-3$ のとき $y=2$，

$x=6$ のとき $y=-4$

よって，y の変域は

$-4 \leqq y \leqq 2$

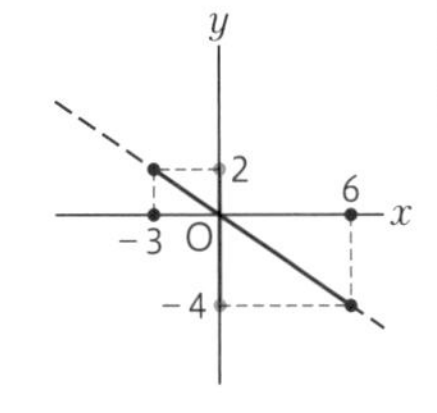

月　日

25．反比例

1年

① 反比例★★

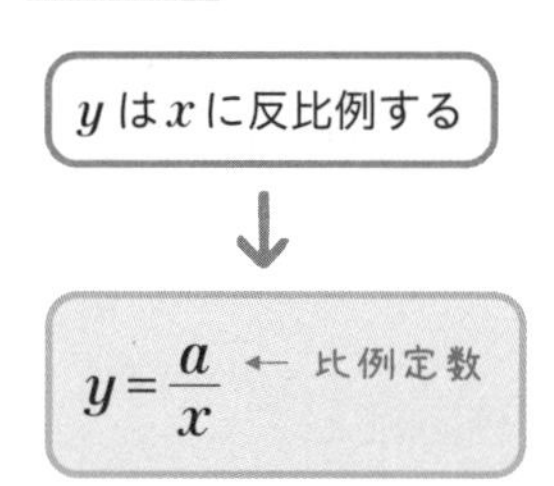

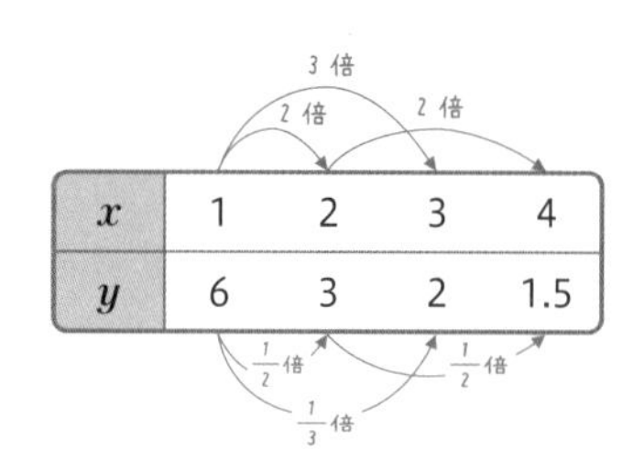

x	1	2	3	4
y	6	3	2	1.5

- 2つの変数 x, y の関係が $y=\frac{a}{x}$ $(a \neq 0)$ で表されるとき，y は x に**反比例**するという。このとき a を**比例定数**という。
- 反比例の関係 $y=\frac{a}{x}$ では，x の値が2倍，3倍，……になると，y の値は $\frac{1}{2}$ 倍，$\frac{1}{3}$ 倍，……になる。

② 反比例のグラフ★★

❶ $a>0$ のとき

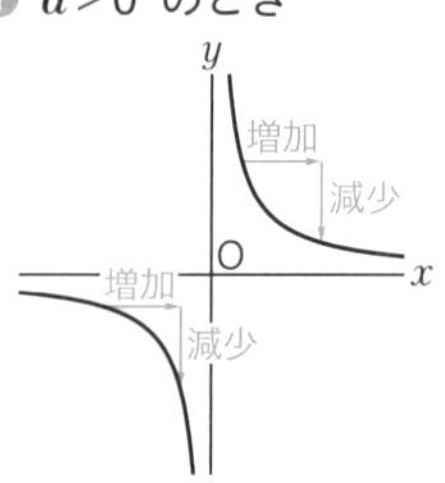

❷ $a<0$ のとき

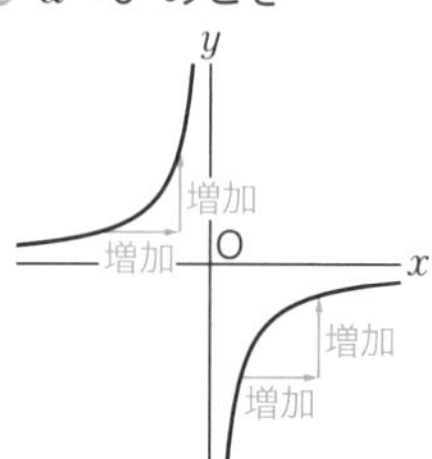

- 反比例を表す $y=\frac{a}{x}$ のグラフは，**双曲線**（そうきょくせん）とよばれる2つのなめらかな曲線になる。
- 反比例のグラフは，原点について対称である。また，x 軸，y 軸と交わらない。

y が x に反比例するとき，x と y の積 xy は一定で，比例定数に等しい。

例題① 反比例の式

y は x に反比例し，$x=3$ のとき $y=-8$ である。$x=-2$ のときの y の値を求めなさい。

ポイント 式を $y=\frac{a}{x}$ とおき，x，y の値から a の値を求める。

解き方と答え

$y=\frac{a}{x}$ に $x=3$，$y=-8$ を代入すると，$-8=\frac{a}{3}$　$a=-24$

$y=-\frac{24}{x}$ に $x=-2$ を代入して，$y=12$

（別解）　xy の値は一定で，$3\times(-8)=-24$

$-2y=-24$ より，$y=12$

例題② 反比例のグラフ

右の図で，原点を通る直線が，双曲線 $y=\frac{a}{x}$ のグラフと，2 点 A，B で交わっている。点 A の x 座標が -2，点 B の y 座標が -3 のとき，a の値を求めなさい。

〔埼玉〕

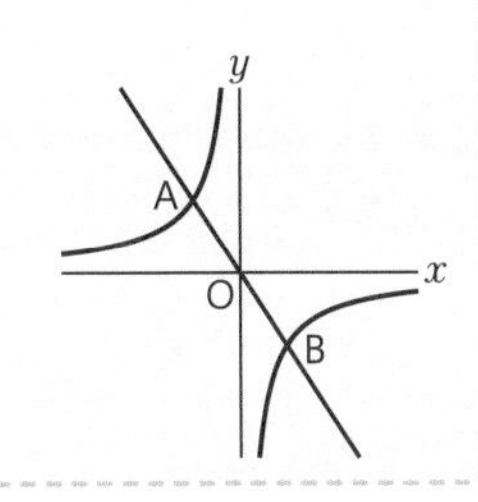

ポイント 反比例のグラフは，原点について対称である。

解き方と答え

点 A と点 B は原点について対称だから，

A$(-2,\ 3)$，B$(2,\ -3)$ となる。

点 A を通るから，$y=\frac{a}{x}$ に $x=-2$，$y=3$ を代入して，

$a=-6$

Check!

点 (a, b) と x 軸について対称な点は $(a, -b)$，y 軸について対称な点は $(-a, b)$，原点について対称な点は $(-a, -b)$ である。

月　日

26. 1次関数とグラフ

2年

① 1次関数の式★★

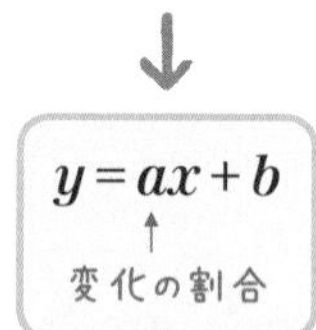

Check!
比例 $y=ax$ は1次関数において，$b=0$ の場合である。

- 2つの変数 x, y について，$y=ax+b$ (a, b は定数，$a \neq 0$) で表されるとき，y は x の**1次関数**であるという。
- x の増加量に対する y の増加量の割合を変化の割合という。1次関数 $y=ax+b$ の変化の割合は一定で，a に等しい。

$$\text{変化の割合}=\frac{y\text{の増加量}}{x\text{の増加量}}=a$$

② 1次関数のグラフ★★

❶ $a>0$ のとき

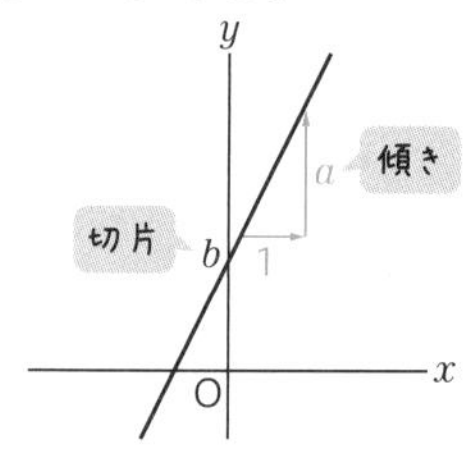

❷ $a<0$ のとき

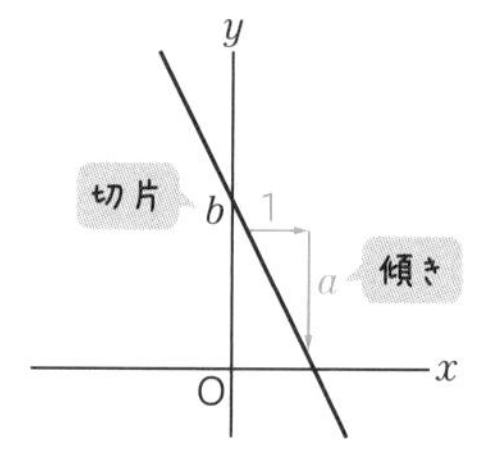

- 1次関数 $y=ax+b$ のグラフは，**傾き**が a，**切片**が b の直線である。傾きは x の増加量1に対する y の増加量で，変化の割合に等しい。切片はグラフと y 軸との交点 (0, b) の y 座標の値である。
- 1次関数 $y=ax+b$ のグラフは，$a>0$ のときは右上がりの直線，$a<0$ のときは右下がりの直線である。

変域のある関数のグラフを表すとき，グラフの端の点をふくむときは●，ふくまないときは○で表す。

例題① 1次関数

❶ 1次関数 $y=3x-1$ で，x の値が3増加するときの y の値はどれだけ増加しますか。

❷ 1次関数 $y=-x+5$ について，x の変域が $-3\leqq x<2$ のとき，y の変域を求めなさい。

ポイント ❶ y の増加量 $=a\times$(x の増加量) の関係を利用する。

解き方と答え

❶ 変化の割合は3だから，y の増加量は，$3\times3=9$

❷ $x=-3$ のとき $y=-(-3)+5=8$

$x=2$ のとき $y=-2+5=3$

右の図より，y の変域は $3<y\leqq8$

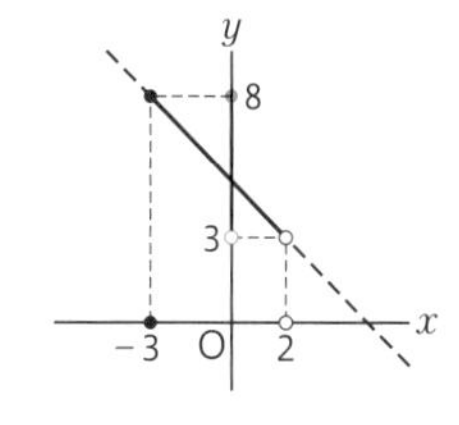

例題② 1次関数のグラフ

右の図の直線❶，❷の式を求めなさい。

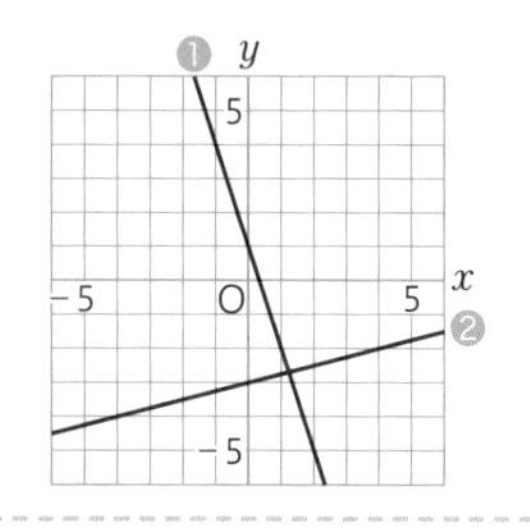

ポイント グラフから傾きと切片をよみとる。

解き方と答え

❶ 傾きが -3，切片が1だから，

$y=-3x+1$

❷ 傾きが $\frac{1}{4}$，切片が -3 だから，

$y=\frac{1}{4}x-3$

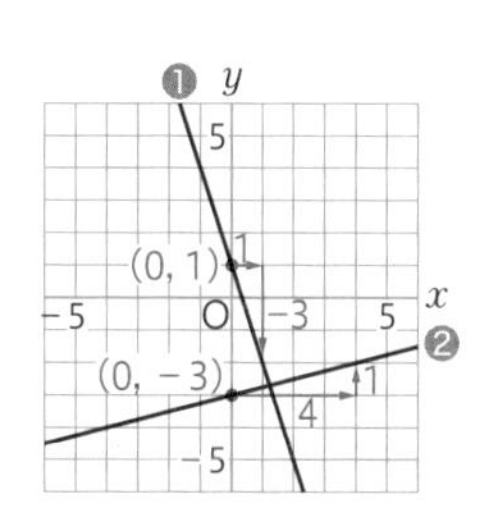

月　日

27. 1次関数の求め方 2年

① 傾きと1点の座標から求める★★★

問 傾きが4で，点 (3，7) を通る直線の式を求めなさい。

解 求める式を $y=ax+b$ とおく。

傾きが4だから，$y=4x+b$

$y=4x+b$ に $x=3$，$y=7$ を代入すると，

$7=4\times3+b$　$b=-5$

よって，$y=4x-5$

● 傾き(変化の割合)と1点の座標が与えられたときは，$y=ax+b$ の a に傾きを，x，y に1点の座標を代入して b の値を求める。

② 2点の座標から求める★★★

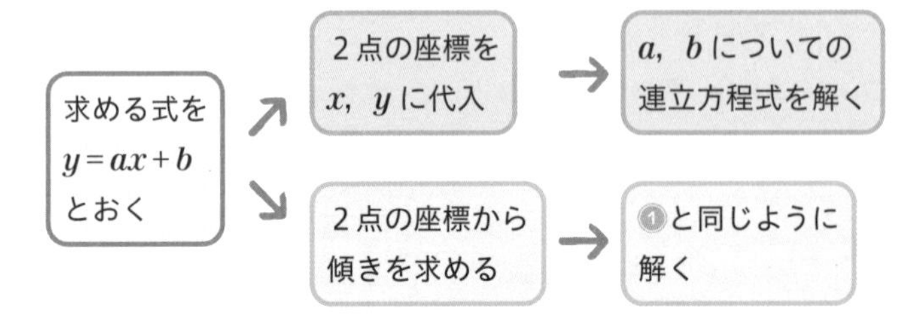

● 2点の座標が与えられたときは，次の2通りの求め方がある。

① $y=ax+b$ の x，y に2点の座標をそれぞれ代入して，a，b についての連立方程式をつくり，a，b の値を求める。

② 2点の座標から傾きを求めて，①と同じように考えて求める。

● 傾きは変化の割合に等しいから，2点 (x_1, y_1)，(x_2, y_2) を通る直線の傾き a は，$a=\frac{y_2-y_1}{x_2-x_1}$ で求める。

例 2点 (−3，1)，(2，−4) を通る直線の傾きは，$\frac{-4-1}{2-(-3)}=-1$

2点を通る直線の式の求め方は2通りあるが，解きやすいほうを選べばよい。

例題① 1次関数の求め方 ①

次の条件をみたす1次関数を求めなさい。

❶ 変化の割合が -1 で，$x=2$ のとき $y=-5$

❷ 直線 $y=\frac{1}{4}x+5$ に平行で，点 $(-4,\ 3)$ を通る。

ポイント $y=ax+b$ とおいて，a と b の値を求める。

解き方と答え

❶ $y=-x+b$ に $x=2$，$y=-5$ を代入して，$-5=-2+b$

$b=-3$ よって，$y=-x-3$

❷ 平行な2直線の傾きは等しいから，$y=\frac{1}{4}x+b$

$x=-4$，$y=3$ を代入して，$3=\frac{1}{4}\times(-4)+b$ $b=4$

よって，$y=\frac{1}{4}x+4$

例題② 1次関数の求め方 ②

次の条件をみたす1次関数を求めなさい。

❶ $x=1$ のとき $y=3$，$x=4$ のとき $y=6$

❷ グラフが2点 $(-6,\ 3)$，$(9,\ -2)$ を通る。

ポイント 「連立方程式をつくる」または「傾きを求める」

解き方と答え

❶ $y=ax+b$ に $x=1$，$y=3$ を代入すると，$3=a+b$ ……①

$x=4$，$y=6$ を代入すると，$6=4a+b$ ……②

①，②を連立方程式として解くと，$a=1$，$b=2$

よって，$y=x+2$

❷ 傾きは，$\frac{-2-3}{9-(-6)}=-\frac{1}{3}$ だから，$y=-\frac{1}{3}x+b$

$x=-6$，$y=3$ を代入して，$b=1$ よって，$y=-\frac{1}{3}x+1$

月　日

28. 1次関数と方程式 2年

① 2元1次方程式のグラフ★★

❶ 方程式 $ax+by=c$ のグラフ　❷ $x=k$, $y=\ell$ のグラフ

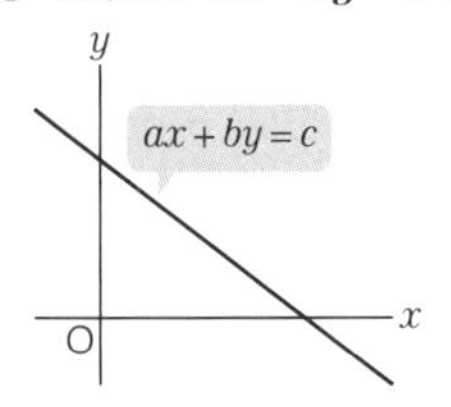

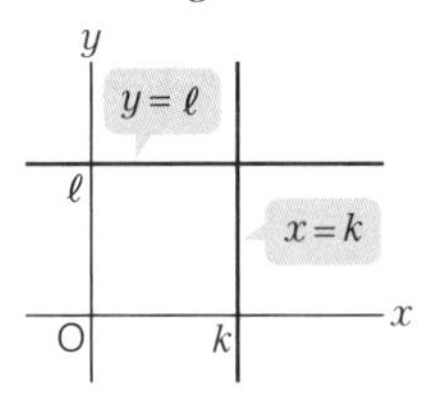

- 2元1次方程式 $ax+by=c$ のグラフは直線である。
- $x=k$ のグラフは，点 $(k, 0)$ を通る y 軸に平行な直線である。
- $y=\ell$ のグラフは，点 $(0, \ell)$ を通る x 軸に平行な直線である。

② 連立方程式の解とグラフ★★★

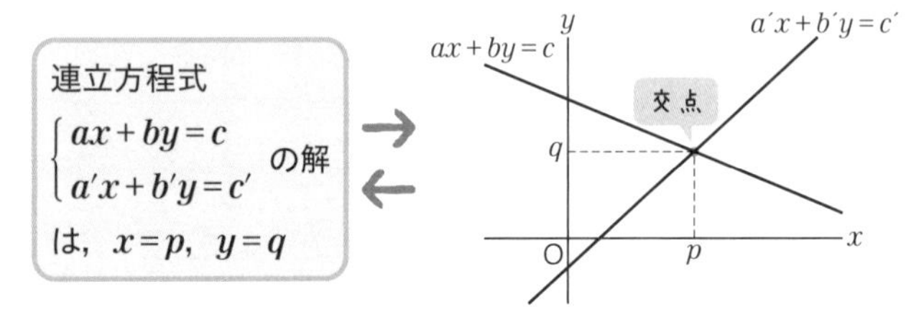

- x, y についての連立方程式の解は，それぞれの方程式のグラフの交点の x 座標，y 座標の組である。

例　2つの方程式 $2x-y=4$，$3x+2y=6$ をグラフに表すと，右の図のようになる。交点の座標は $(2, 0)$ だから，

連立方程式 $\begin{cases} 2x-y=4 \\ 3x+2y=6 \end{cases}$ の解は，

$x=2$，$y=0$

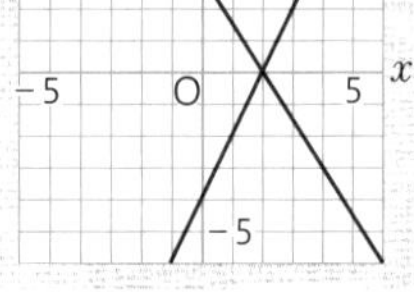

直線 $ax+by=c$ と x 軸との交点は $y=0$ を代入して求められ，y 軸との交点は $x=0$ を代入して求められる。

例題① 2元1次方程式のグラフ

次の方程式のグラフをかきなさい。

❶ $2x+3y+6=0$ 〔京都〕 ❷ $2y=8$

ポイント ❶ 式を変形して傾きや切片を求める。

解き方と答え

❶ $2x+3y+6=0$ を y について解くと，

$y=-\frac{2}{3}x-2$ だから，傾き $-\frac{2}{3}$，

切片 -2 の直線になる。

❷ $2y=8$ より $y=4$ だから，点 $(0,\ 4)$ を通る x 軸に平行な直線になる。

答

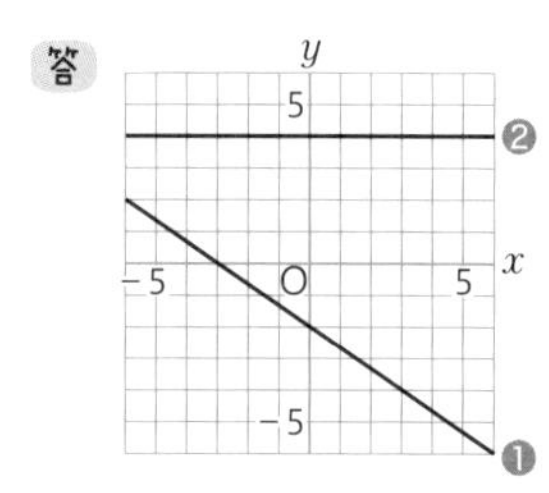

例題② 連立方程式の解とグラフ

右の図で，直線①の式は $y=x+3$，②の式は $y=-2x+6$ である。

❶ 直線①，②の交点Aの座標を求めなさい。

❷ △ABCの面積を求めなさい。

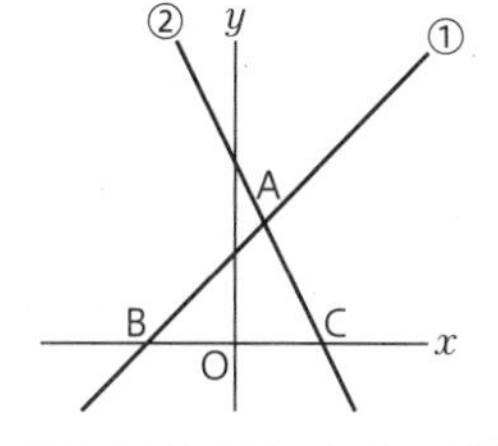

ポイント ❶ 2直線の交点の座標は，連立方程式を解いて求める。

解き方と答え

❶ ①の式を②に代入すると，$x+3=-2x+6$　$x=1$

これを①に代入して，$y=4$　よって，A$(1,\ 4)$

❷ ①，②にそれぞれ $y=0$ を代入して，点B，Cの座標を求めると，

B$(-3,\ 0)$，C$(3,\ 0)$ だから，BC$=3-(-3)=6$

BCを底辺とすると高さは点Aの y 座標 4 だから，

$\triangle ABC=\frac{1}{2}\times 6\times 4=12$

月　日

29. 1次関数の利用 2年

① 2人の進行を表すグラフ★★

問 弟は家を出発し，1800 m 離れた駅に向かった。兄は弟が出発してから6分後に，自転車で家を出発し，分速250 m で駅まで走った。下のグラフは弟が家を出発してからx分後の家からの道のりをy m として，2人の進んだようすをグラフに表したものである。次の問いに答えなさい。

❶ 弟が進んだようすを表すグラフの式を求めなさい。

❷ 兄が進んだようすを表すグラフの式を求めなさい。

❸ 兄が弟に追いついたのは弟が出発してから何分後ですか。

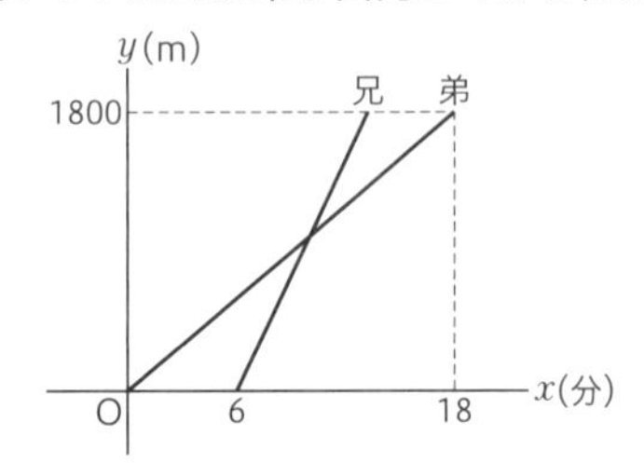

解 ❶ 原点と点 (18, 1800) を通る直線の式を求めればよい。

求める式を $y=ax$ とすると，$1800=18a$　$a=100$

よって，$y=100x$ ……①

❷ 分速 250 m だから，傾き 250 で点 (6, 0) を通る直線の式を求めればよい。求める式を $y=250x+b$ とすると，

$0=250\times6+b$　$b=-1500$

よって，$y=250x-1500$ ……②

❸ ❶と❷で求めた直線の交点が，追いついたときの弟が出発してからの時間と家からの道のりを表している。

①，②を連立方程式として解くと，$x=10$，$y=1000$

答 10分後

得点UP! 時間と距離の関係を表すグラフでは，傾きは速さを表している。

例題① 2人の進行を表すグラフ

Aさんは東町から8km離れた西町まで自転車で行った。また，Aさんが東町を出発してから3分後に，Bさんが西町を出発して東町まで自転車で行った。右の図はAさんが東町を出発してからx分後の東町からの道のりを$y$kmとして，xとyの関係をグラフに表したものである。AさんとBさんは東町から何kmの地点で出会いましたか。

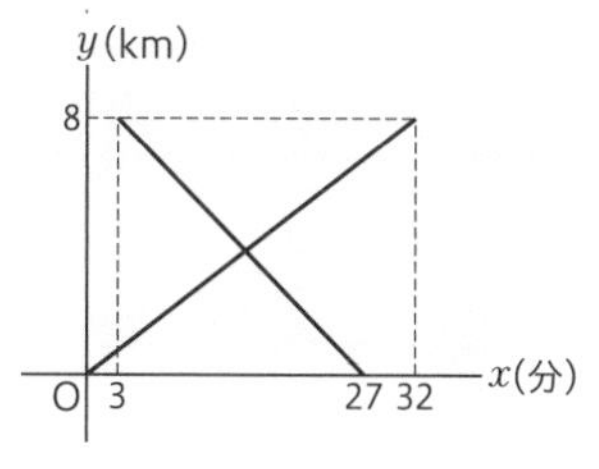

ポイント グラフの交点の座標が，出会った時間と位置を表している。

解き方と答え

Aさんが進んだようすを表すグラフは，原点と点 (32, 8) を通る直線である。
この直線の式を $y=ax$ とすると，

$8=32a \quad a=\frac{1}{4}$

よって，$y=\frac{1}{4}x$ ……①

Bさんが進んだようすを表すグラフは，2点 (3, 8)，(27, 0) を通る直線である。
この直線の式を $y=ax+b$ とすると，

直線の式を求めよう

$$\begin{cases} 8=3a+b \\ 0=27a+b \end{cases}$$

これを解くと，$a=-\frac{1}{3}$，$b=9$

よって，$y=-\frac{1}{3}x+9$ ……②

①，②を連立方程式として解くと，$x=\frac{108}{7}$，$y=\frac{27}{7}$

答 $\frac{27}{7}$ km

月　日

30. 関数 $y=ax^2$ とグラフ 3年

① 関数 $y=ax^2$ の式★★

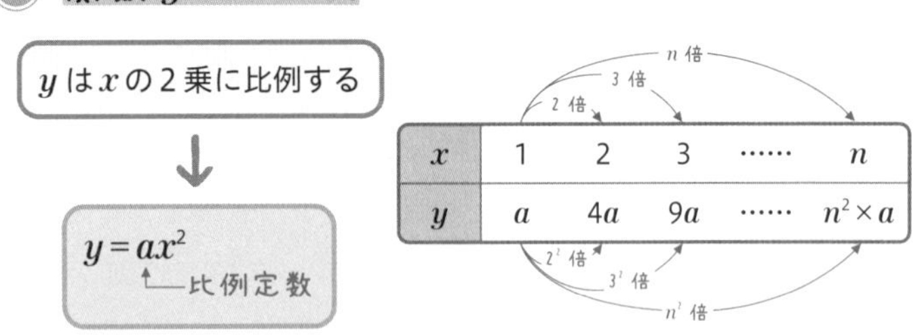

x	1	2	3	……	n
y	a	$4a$	$9a$	……	$n^2\times a$

- y が x の関数で，x と y の間に，$y=ax^2$（a は0でない定数）という関係が成り立つとき，**y は x の2乗に比例する**といい，a を**比例定数**という。
- 関数 $y=ax^2$ では，x の値を n 倍すると，対応する y の値は n^2 倍になる。

② 関数 $y=ax^2$ のグラフ★★

❶ $a>0$ のとき

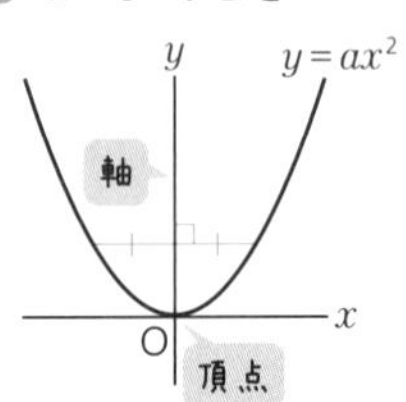

❷ $a<0$ のとき

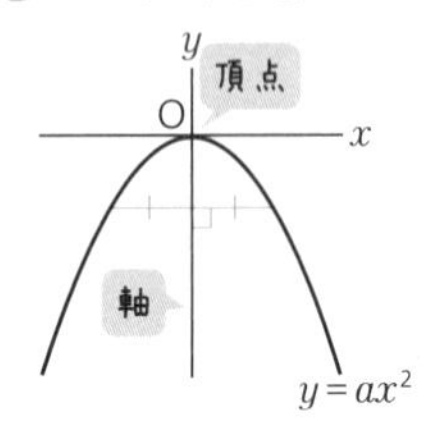

- 関数 $y=ax^2$ のグラフは，原点を通る放物線で，y 軸について対称である。
- $a>0$ のとき，原点以外の部分はすべて x 軸の上側にあり，上に開いた形になる。
  $a<0$ のとき，原点以外の部分はすべて x 軸の下側にあり，下に開いた形になる。
- a の絶対値が大きいほどグラフの開きは小さくなる。

関数 $y=ax^2$ のグラフは，比例 $y=ax$ のグラフと同じように，原点以外の 1 点が決まれば決定する。

例題① 関数 $y=ax^2$ の式

❶ y は x の 2 乗に比例し，$x=4$ のとき $y=-32$ である。y を x の式で表しなさい。

❷ 右の表の y は x の 2 乗に比例している。
□にあてはまる値を求めなさい。

x	0	1	2
y	0	3	□

〔福井〕

ポイント 式を $y=ax^2$ とおき，x，y の値から a の値を求める。

解き方と答え

❶ $y=ax^2$ に $x=4$，$y=-32$ を代入して，$-32=a\times4^2$
$a=-2$　よって，$y=-2x^2$

❷ $y=ax^2$ に $x=1$，$y=3$ を代入して，$3=a\times1^2$　$a=3$
$y=3x^2$ に $x=2$ を代入して，$y=3\times2^2=12$　　答 12

例題② 関数 $y=ax^2$ のグラフ

関数 $y=-\frac{1}{2}x^2$ について説明した次の**ア**から**ウ**までの文の中から正しいものをすべて選んで，その記号を答えなさい。

ア グラフは原点を通り，x 軸の上側にある。
イ $y=-2x^2$ のほうがグラフの開き方が大きい。
ウ グラフは y 軸を対称の軸として線対称である。

ポイント グラフをかいて考える。

解き方と答え

関数 $y=-\frac{1}{2}x^2$ のグラフは，右の図のようになっている。
グラフは x 軸の下側で，$y=-2x^2$ のほうがグラフの開き方が小さいから，**ア**と**イ**は正しくない。　　答 ウ

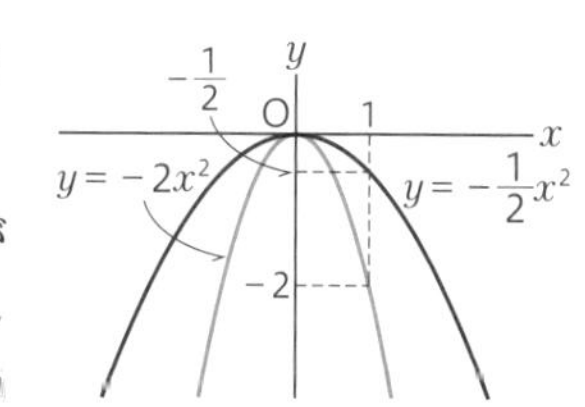

月　日

31. 関数 $y=ax^2$ の値の変化 3年

① 関数 $y=ax^2$ の変域★★★

❶ $y=x^2$ で

x の変域 $1 \leqq x \leqq 2$

← 0 をふくまない

↓

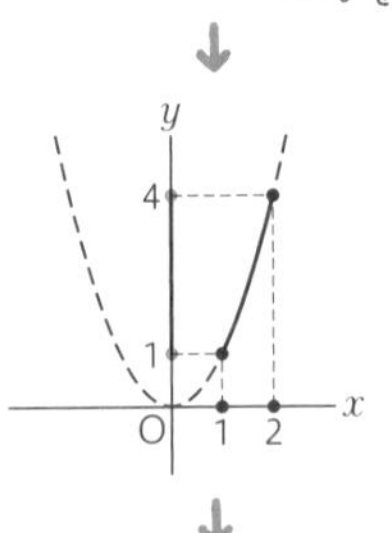

↓

y の変域 $1 \leqq y \leqq 4$

最小値 → 1　　4 ← 最大値

❷ $y=x^2$ で

x の変域 $-1 \leqq x \leqq 2$

← 0 をふくむ

↓

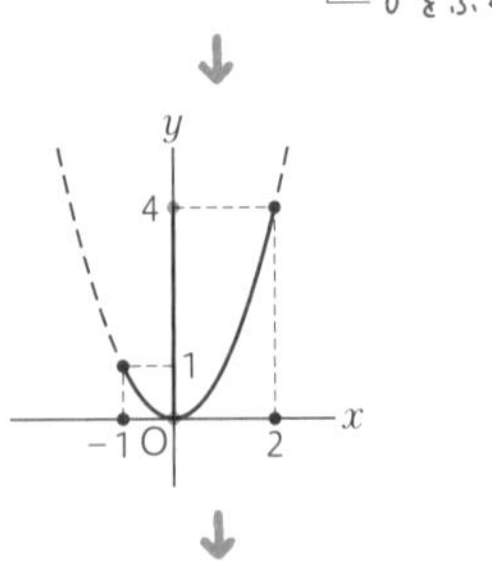

↓

y の変域 $0 \leqq y \leqq 4$

最小値 → 0　　4 ← 最大値

- 関数 $y=ax^2$ の変域は，グラフをかいて考えるとよい。
- 関数 $y=ax^2$ で，x の変域に 0 をふくむときは，
  $a>0$ ならば最小値は 0，$a<0$ ならば最大値は 0

② 関数 $y=ax^2$ の変化の割合★★★

関数 $y=\frac{1}{4}x^2$ で x の値が 2 から 4 まで増加するとき，

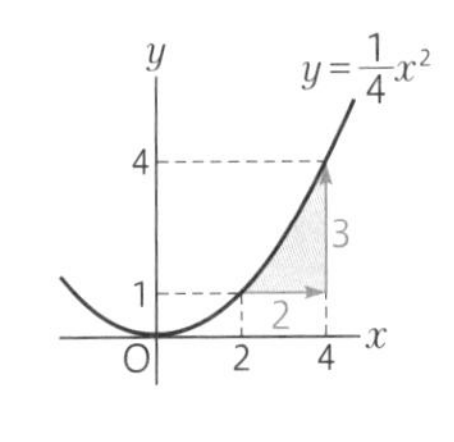

$$変化の割合=\frac{y\text{の増加量}}{x\text{の増加量}}$$

$$=\frac{4-1}{4-2}=\frac{3}{2}$$

- $y=ax^2$ の変化の割合は 1 次関数の場合と異なり，一定ではない。
- 関数 $y=ax^2$ で，x の値が p から q まで増加するときの変化の割合は，

$$\frac{aq^2-ap^2}{q-p}=\frac{a(q+p)(q-p)}{q-p}=a(p+q)$$

関数 $y=ax^2$ で変域を求めるときは，x の変域に 0 がふくまれているかどうかに注意する。

例題① 関数 $y=ax^2$ の変域

関数 $y=-2x^2$ で，x の変域が次のときの y の変域を求めなさい。

❶ $-5 \leqq x \leqq -3$　　❷ $-2 \leqq x < 1$

ポイント グラフをかいて，x の変域に対応する y の変域を考える。

解き方と答え

❶

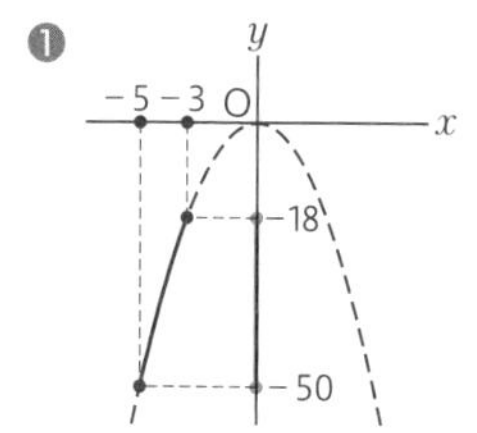

図より，$-50 \leqq y \leqq -18$

❷

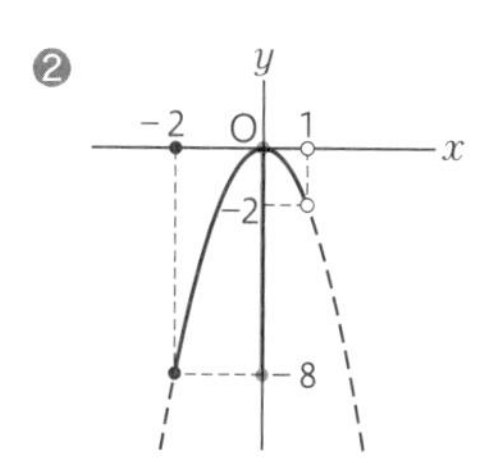

図より，$-8 \leqq y \leqq 0$

例題② 関数 $y=ax^2$ の変化の割合

❶ 関数 $y=x^2$ について，x の値が 2 から 4 まで増加するときの変化の割合を求めなさい。

❷ 関数 $y=ax^2$ について，x の値が 1 から 4 まで増加するときの変化の割合が 15 である。a の値を求めなさい。〔福島〕

ポイント 変化の割合の公式を使って求める。

解き方と答え

❶ $\dfrac{y\text{の増加量}}{x\text{の増加量}}=\dfrac{4^2-2^2}{4-2}=\dfrac{12}{2}=6$

（別解）$y=ax^2$ で，x の値が p から q まで増加するときの変化の割合は $a(p+q)$ だから，

$1\times(2+4)=6$

❷ $\dfrac{a\times4^2-a\times1^2}{4-1}=15$ より，$5a=15$　$a=3$

入試で注意

1 次関数のように，関数 $y=ax^2$ の変化の割合を a としてはいけない。

月　日

32. 関数 $y=ax^2$ の利用 3年

① 点の移動★★★

問 右の図のように，縦 6 cm，横 12 cm の長方形 ABCD がある。点 P は A を出発して，毎秒 1 cm の速さで B まで動く。また，点 Q は点 P と同時に A を出発して，毎秒 3 cm の速さで D を通って C まで動く。P，Q が出発してから x 秒後の △APQ の面積を y cm² として，x の変域が次のとき，y を x の式で表しなさい。

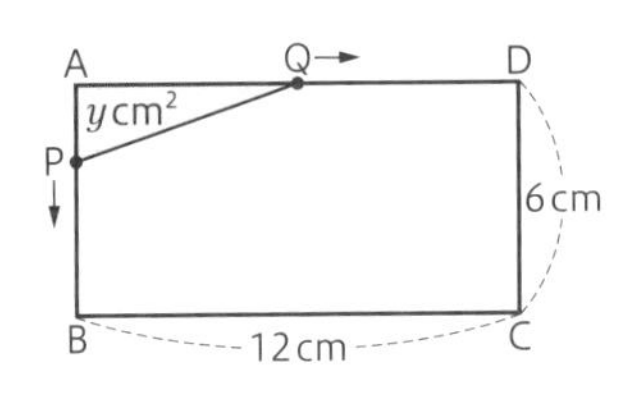

❶ $0 \leqq x \leqq 4$　　❷ $4 \leqq x \leqq 6$

解 ❶ 点 Q が D の位置にくるのは $12 \div 3 = \mathbf{4}$（秒後）だから，$0 \leqq x \leqq 4$ のとき，点 P は AB 上，点 Q は AD 上にある。

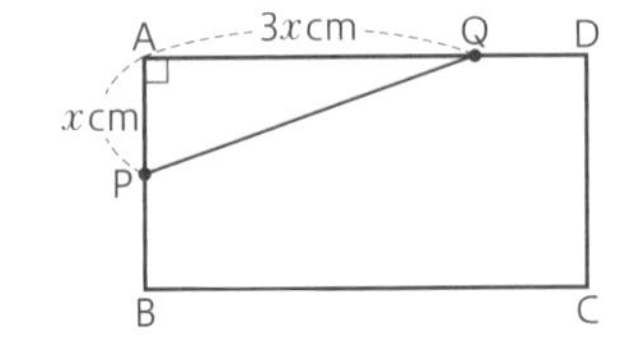

AP $= x$ cm，AQ $= 3x$ cm だから，

$$y = \frac{1}{2} \times x \times 3x = \frac{3}{2}x^2$$

❷ 点 Q が C の位置にくるのは $(12+6) \div 3 = \mathbf{6}$（秒後）だから，$4 \leqq x \leqq 6$ のとき，点 P は AB 上，点 Q は DC 上にある。

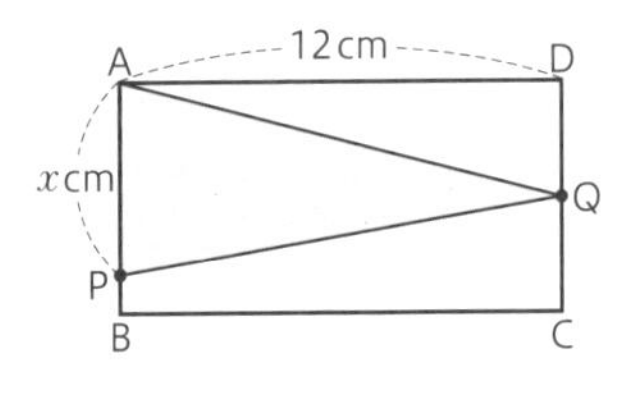

△APQ の底辺を AP とすると高さは 12 cm だから，

$$y = \frac{1}{2} \times x \times 12 = 6x$$

x の変域によって，点が図形のどの部分を動くかが変わり，それに対応する式とグラフが変化する。

例題① 点の移動

右の図のように，1 辺 4 cm の正方形 ABCD がある。点 P は A を出発して，毎秒 1 cm の速さで B を通って C まで動く。Q は毎秒 1 cm の速さで A から D まで動き，D ですぐに折り返して A まで動く。P，Q が出発してから x 秒後の △APQ の面積を y cm^2 とするとき，次の問いに答えなさい。

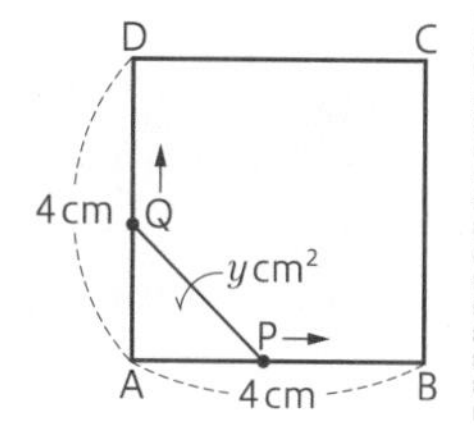

❶ x の変域が次の①，②のとき，y を x の式で表しなさい。

① $0 \leqq x \leqq 4$　　② $4 \leqq x \leqq 8$

❷ x と y の関係を表すグラフをかきなさい。

ポイント グラフは，x の変域に注意してかく。

解き方と答え

❶① $0 \leqq x \leqq 4$ のとき，P は AB 上，Q は AD 上にある。

AP = AQ = x cm だから，

$$y = \frac{1}{2} \times x \times x = \frac{1}{2}x^2$$

② $4 \leqq x \leqq 8$ のとき，P は BC 上，Q は AD 上にある。

AQ = $4 \times 2 - x = 8 - x$ (cm) で，△APQ の底辺を AQ と考えると，高さは 4 cm だから，

$$y = \frac{1}{2} \times (8 - x) \times 4 = -2x + 16$$

❷

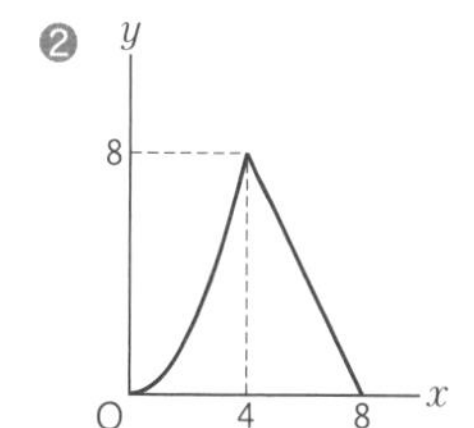

月　日

33. 放物線と図形 ①　3年

① 放物線と直線★★★

放物線 $y=ax^2$ と直線 $y=bx+c$ の交点の座標の求め方

連立方程式 $\begin{cases} y=ax^2 \\ y=bx+c \end{cases}$ を解く

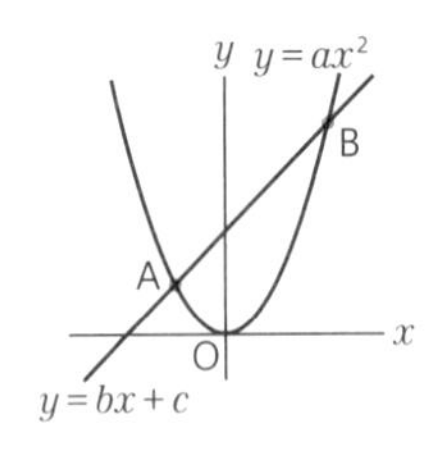

- 放物線 $y=ax^2$ と直線 $y=bx+c$ の交点の座標を求める手順
  ① y を消去して，2次方程式 $ax^2=bx+c$ を解いて x 座標を求める。
  ② x の値を $y=ax^2$ または $y=bx+c$ に代入して y 座標を求める。

例　放物線 $y=x^2$ と直線 $y=x+2$ の交点の座標を求めなさい。
→$y=x+2$ に $y=x^2$ を代入して，$x^2=x+2$ を解く。
$x^2-x-2=0$　$(x+1)(x-2)=0$　$x=-1$，$x=2$
$y=x^2$ に $x=-1$ を代入すると，$y=1$
$y=x^2$ に $x=2$ を代入すると，$y=4$
よって，交点の座標は，$(-1,\ 1)$，$(2,\ 4)$

② 放物線と三角形の面積★★★

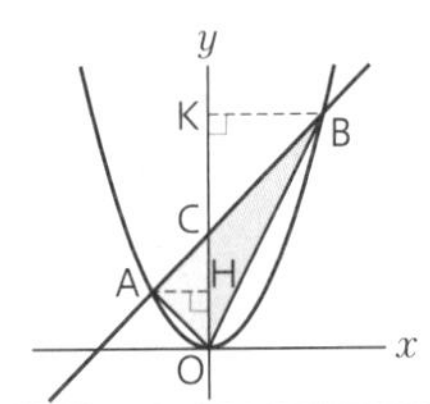

$\triangle OAB=\triangle OAC+\triangle OBC$

$\triangle OAC$ ← $\frac{1}{2}\times OC\times AH$
$\triangle OBC$ ← $\frac{1}{2}\times OC\times BK$

- 座標平面上の三角形の面積を求めるときは，軸や軸に平行な線分を底辺や高さにすることを考える。

x 軸や y 軸に平行な線分の長さは，x 座標や y 座標の差で求めることができる。

例題① 放物線と三角形の面積

右の図のように，関数 $y=-\frac{1}{2}x^2$ と1次関数 $y=2x-6$ のグラフが2点A，Bで交わっている。原点をOとするとき，次の問いに答えなさい。

❶ 2点A，Bの座標を求めなさい。

❷ △OABの面積を求めなさい。

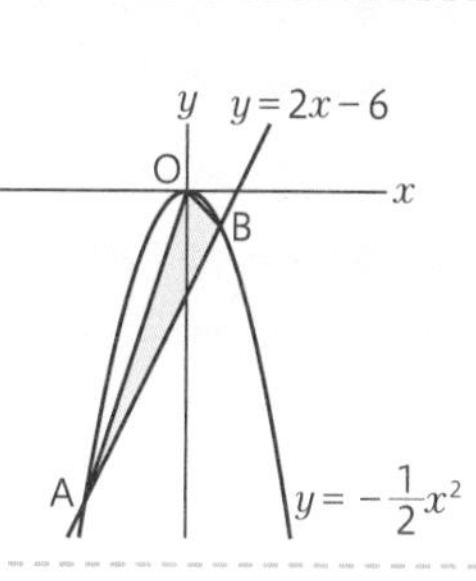

ポイント 三角形の面積は2つに分けて求める。

解き方と答え

❶ $y=2x-6$ に $y=-\frac{1}{2}x^2$ を代入して，

$-\frac{1}{2}x^2=\mathbf{2x-6}$　$-x^2=4x-12$　$x^2+4x-12=0$

$(x+6)(x-2)=0$　$x=-6$，$x=\mathbf{2}$

$y=-\frac{1}{2}x^2$ に $x=-6$ を代入すると，

$y=-\frac{1}{2}\times(-6)^2=-18$

$y=-\frac{1}{2}x^2$ に $x=\mathbf{2}$ を代入すると，

$y=-\frac{1}{2}\times2^2=-2$

答　A($\mathbf{-6}$，$\mathbf{-18}$)，B(2，-2)

❷ $y=2x-6$ のグラフと y 軸の交点をCとすると，

C(0，-6) より，OC$=\mathbf{6}$

△OABを△OACと△OBCに分けて求める。

△OAB＝△OAC＋△OBC

$=\frac{1}{2}\times6\times\mathbf{6}+\frac{1}{2}\times6\times\mathbf{2}=24$

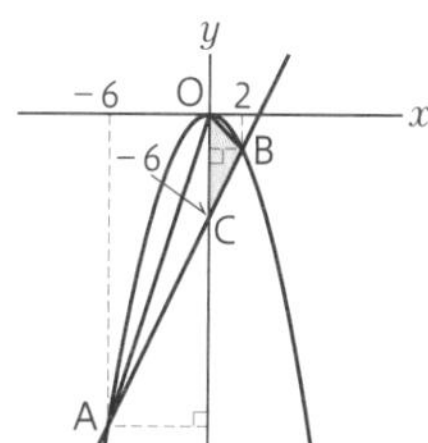

34. 放物線と図形 ②

2年 3年

① 面積の２等分★★

❶ 三角形の２等分

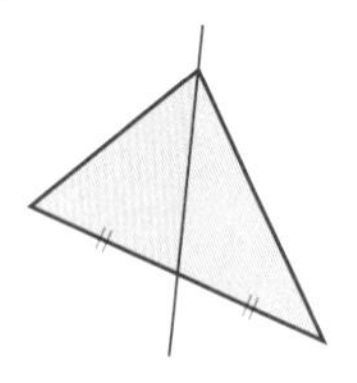

❷ 平行四辺形の２等分

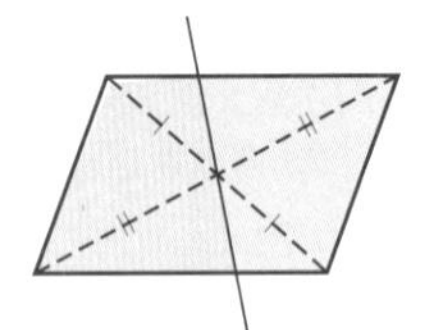

- 三角形の頂点を通り，面積を２等分する直線は，頂点に向かい合う辺の中点を通る。
- 平行四辺形の面積を２等分する直線は，対角線の交点を通る。
  平行四辺形の対角線はそれぞれの中点で交わる。
- ２点 $(a,\ b)$，$(c,\ d)$ を結ぶ線分の中点の座標は，
  $\left(\dfrac{a+c}{2},\ \dfrac{b+d}{2}\right)$ である。

  例　２点 $(1,\ -5)$，$(3,\ 3)$ を結ぶ線分の中点の座標は，
  $\left(\dfrac{1+3}{2},\ \dfrac{-5+3}{2}\right)=(2,\ -1)$

② 平行線と面積★★

❶ PQ//AB ならば，
△PAB＝△QAB

❷ △PAB＝△QAB ならば，
PQ//AB

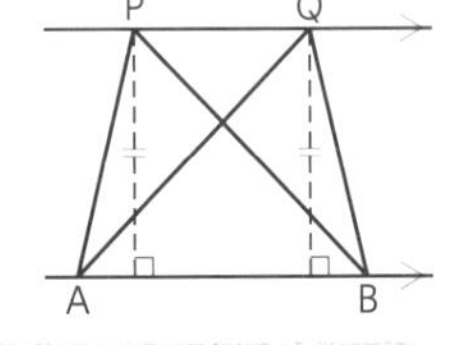

- 平行な２直線の間の距離はつねに等しい。
- 底辺が共通で高さの等しい三角形の面積は等しい。
- 図形を，その面積を変えずに別の図形に変形することを**等積変形**（とうせきへんけい）という。

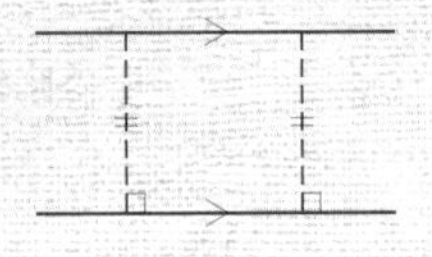

得点UP! 底辺や高さが軸と平行でない三角形の面積を求めるときは，等積変形を考えるとよい。

例題① 放物線と図形

$y=\frac{1}{4}x^2$ のグラフ上に，x 座標がそれぞれ -4，8 となる点 A，B をとる。次の問いに答えなさい。

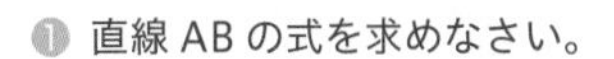

❶ 直線 AB の式を求めなさい。

❷ 点Oを通り，△OAB の面積を 2 等分する直線の式を求めなさい。

❸ $y=\frac{1}{4}x^2$ のグラフ上に点 P をとるとき，△OAB＝△PAB となるような点 P の座標を求めなさい。ただし，P の x 座標は $0<x\leqq 8$ とする。

ポイント 直線が通る２点の座標がわかれば式が求められる。

解き方と答え

❶ 点 A，B は $y=\frac{1}{4}x^2$ のグラフ上にあるので，$y=\frac{1}{4}x^2$ に

$x=-4$ を代入して，$y=\frac{1}{4}\times(-4)^2=\mathbf{4}$

$x=8$ を代入して，$y=\frac{1}{4}\times 8^2=16$

よって，A$(-4,\ 4)$，B$(8,\ 16)$ を通る直線の式は，$y=\boldsymbol{x}+\mathbf{8}$

❷ 求める直線は，原点Oと線分 AB の中点Mを通る。

点Mの座標は，$\left(\frac{-4+8}{2},\ \frac{4+16}{2}\right)$ より，$(2,\ \mathbf{10})$

傾きは $\frac{10}{2}=5$ だから，$y=\mathbf{5}\boldsymbol{x}$

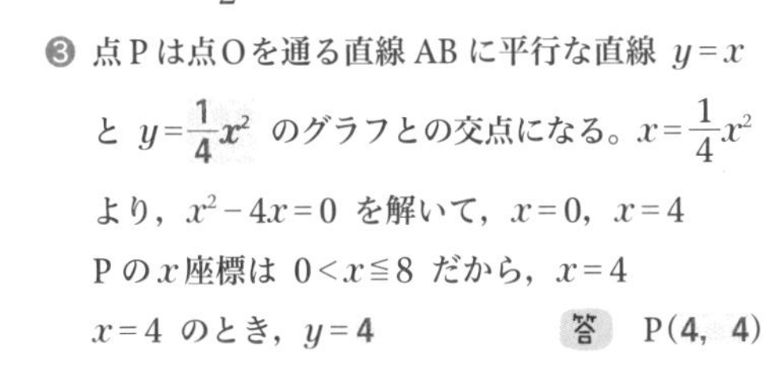

❸ 点 P は点Oを通る直線 AB に平行な直線 $y=x$ と $y=\frac{1}{4}x^2$ のグラフとの交点になる。$x=\frac{1}{4}x^2$ より，$x^2-4x=0$ を解いて，$x=0$，$x=4$

P の x 座標は $0<x\leqq 8$ だから，$x=4$

$x=4$ のとき，$y=\mathbf{4}$　　**答** P$(\mathbf{4},\ \mathbf{4})$

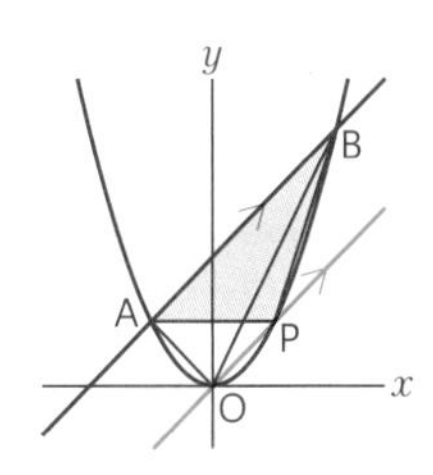

月　日

35. 作　図

1年

① 基本の作図 (1)★★★

❶ 線分の垂直二等分線

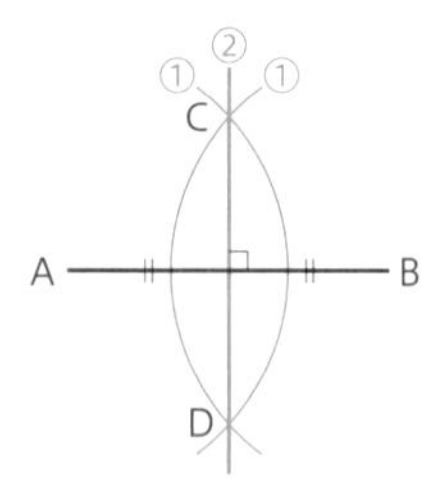

❷ 角の二等分線

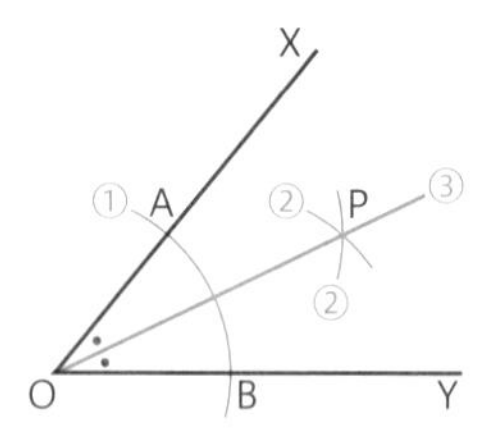

- **線分の垂直二等分線のかき方**…A，B をそれぞれ中心とする等しい半径の円をかき，その交点を C，D とする。直線 CD が線分 AB の垂直二等分線である。
- **角の二等分線のかき方**…頂点 O を中心とする円をかき，辺 OX，OY との交点を A，B とする。次に 2 点 A，B をそれぞれ中心とする等しい半径の円をかき，交点を P とする。半直線 OP が ∠XOY の二等分線である。

② 基本の作図 (2)★★★

❶ 直線上の点を通る垂線

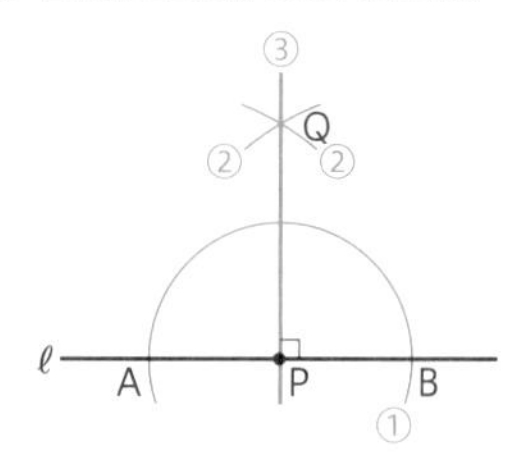

❷ 直線外の点を通る垂線

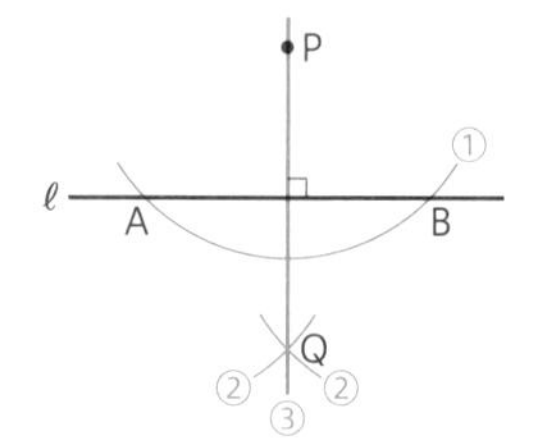

- **垂線のかき方**…点 P を中心とする円をかき，直線 ℓ との交点を A，B とする。点 A，B をそれぞれ中心とする等しい半径の円をかき，その交点の 1 つを Q とする。直線 PQ が点 P を通る直線 ℓ の垂線である。

得点UP! 2点A,Bからの距離が等しい点は線分ABの垂直二等分線上にあり，角の2辺からの距離が等しい点は角の二等分線上にある。

例題① 作図の問題 ①

右の図で，直線ℓ上にあって，2点A，Bからの距離が等しい点Pを作図しなさい。

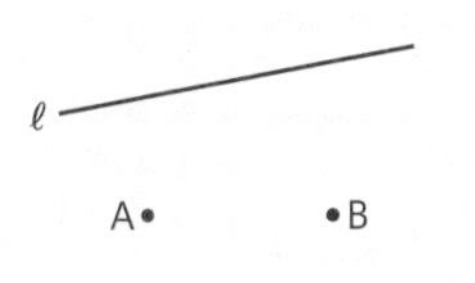

ポイント 2点A，Bからの距離が等しい点の集まりについて考える。

解き方と答え

線分ABの垂直二等分線上の点は，2点A，Bから等しい距離にあるから，線分ABの垂直二等分線と直線ℓとの交点をPとする。

答

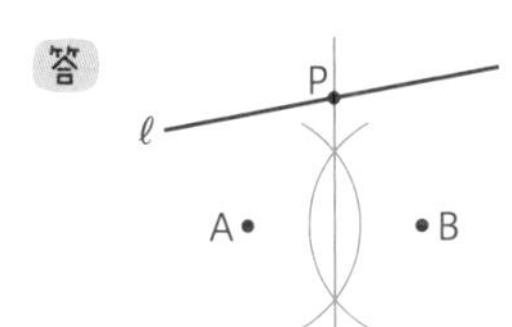

例題② 作図の問題 ②

右の図のような線分ABがある。線分ABの上側に∠BAP＝45°となるような角を作図しなさい。〔島根〕

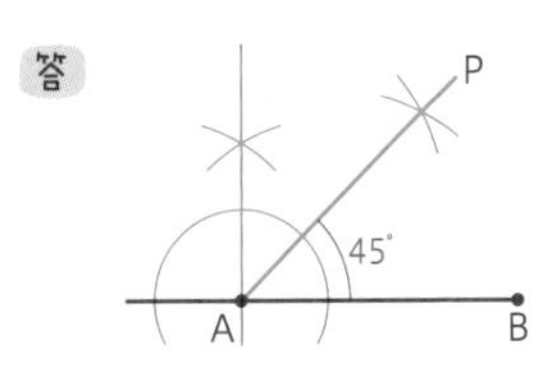

ポイント 直角を2等分すると45°の角ができる。

解き方と答え

点Aを通る直線ABの垂線をかくと直角（90°の角）ができる。
次に90°の角の二等分線APをかく。
∠BAP＝45° となる。

答

part 1 数と式 part 2 方程式 part 3 関数 part 4 図形① part 5 図形② part 6 データの活用 入試直前チェック

36. おうぎ形の弧の長さと面積 1年

① おうぎ形の弧の長さと面積★★

❶ 弧の長さ

$$\ell = \underline{2\pi r} \times \frac{a}{360}$$

└ 円周

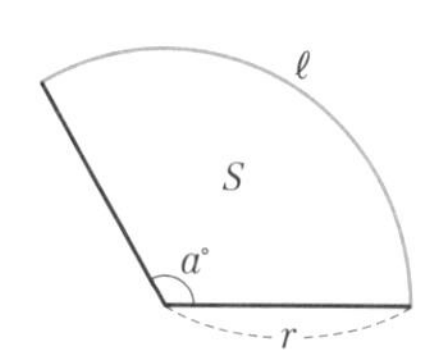

❷ 面積

$$S = \underline{\pi r^2} \times \frac{a}{360}$$ または $$S = \frac{1}{2}\ell r$$

└ 円の面積

- 2つの半径と弧で囲まれた図形を**おうぎ形**といい，2つの半径がつくる角を**中心角**という。

② 図形の移動★

❶ 平行移動　❷ 対称移動　❸ 回転移動

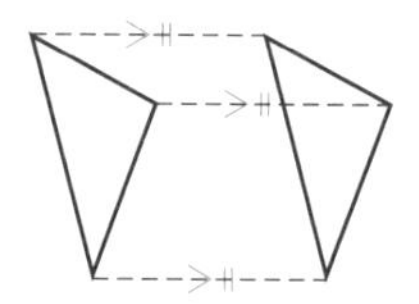

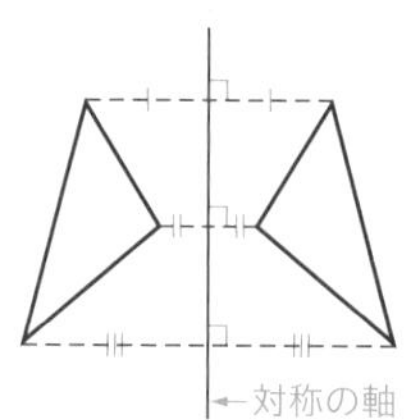

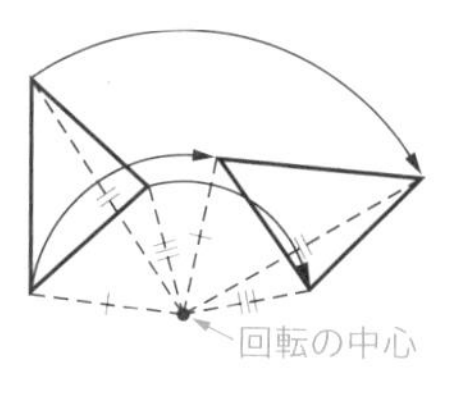

- 図形を一定の方向に一定の距離だけ動かす移動を平行移動という。
- 図形を1つの直線を折り目として折り返す移動を**対称移動**といい，折り目の直線を**対称の軸**という。
- 図形を1点を中心として一定の角度だけ回転させる移動を**回転移動**といい，中心とする点を**回転の中心**という。

- おうぎ形の弧の長さや面積は，中心角の大きさに比例する。
- 移動してできた図形はもとの図形と合同である。

例題① おうぎ形の弧の長さと面積

❶ 半径 6 cm，中心角 150° のおうぎ形の弧の長さと面積を求めなさい。

❷ 中心角 60°，弧の長さ 6π cm のおうぎ形の半径を求めなさい。

ポイント 公式を利用して求める。

解き方と答え

❶ 弧の長さは，$2\pi \times 6 \times \frac{150}{360} = 5\pi$ (cm)

面積は，$\pi \times 6^2 \times \frac{150}{360} = 15\pi$ (cm^2)

答 弧の長さ…5π cm，面積…15π cm^2

（別解） 面積は，$\frac{1}{2} \times 5\pi \times 6 = 15\pi$ (cm^2)

❷ 半径を x cm とすると，$2\pi x \times \frac{60}{360} = 6\pi$

$x = 18$

答 18 cm

例題② 移動とおうぎ形

右の図のように，1 辺 3 cm の正三角形 ABC が，点 C を中心に矢印の向きに 120° 回転移動したとき，点 B が描いた曲線の長さを求めなさい。 〔駿台甲府高〕

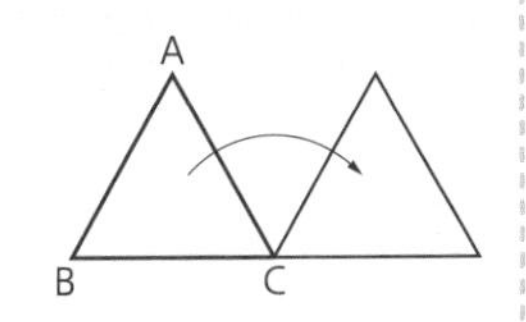

ポイント 120° 回転移動したとき点 B がどの位置にくるか考える。

解き方と答え

矢印の向きに 120° 回転するから，描く曲線は右の図のように，半径 3 cm，中心角 120° のおうぎ形の弧になるので，求める長さは，

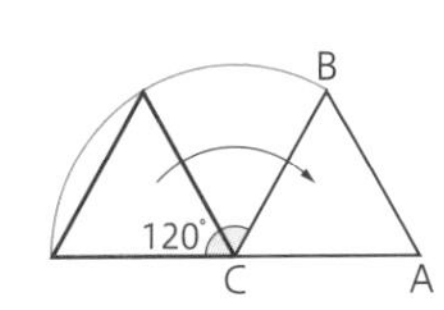

$2\pi \times 3 \times \frac{120}{360} = 2\pi$ (cm)

月　日

37. 空間図形の基礎

1年

① 直線や平面の位置関係★★

❶ 2直線の位置関係

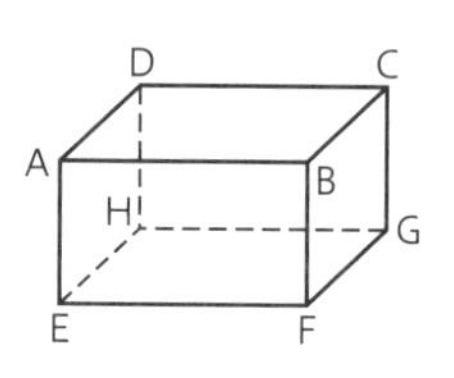

平行 → 例 辺ABと辺DC

垂直 → 例 辺ABと辺AD

ねじれの位置 → 例 辺ABと辺EH

❷ 直線と平面の位置関係

平行 → 例 辺ABと面EFGH

垂直 → 例 辺ABと面BFGC

❸ 2平面の位置関係

平行 → 例 面ABCDと面EFGH

垂直 → 例 面ABCDと面BFGC

● 空間内の2直線が平行でなく交わらないとき，その2直線はねじれの位置にあるという。

② いろいろな立体と展開図★★

❶ 立方体

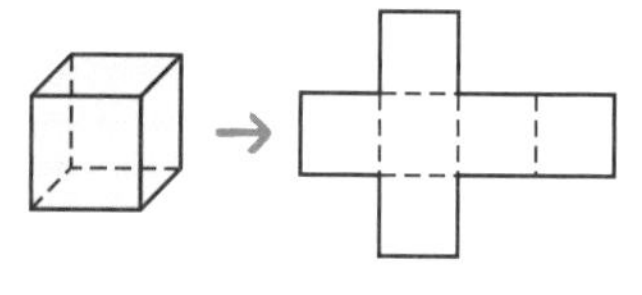

❷ 円柱

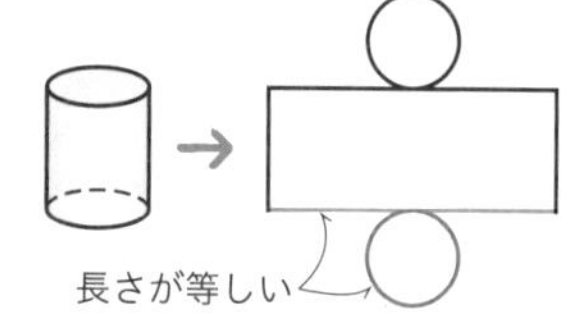

❸ 角錐（かくすい）

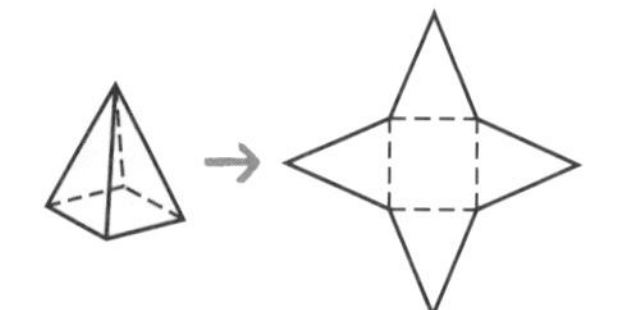

❹ 円錐

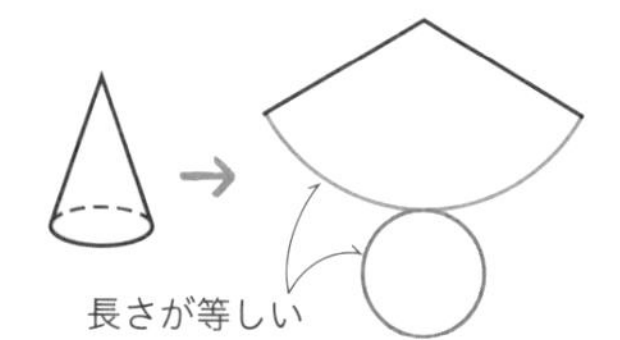

得点UP! 展開図の形は1つだけとはかぎらない。どの辺で切り開くかによって形が変わる。

例題① 直線や平面の位置関係

右の図は直方体から三角柱を切り取った立体である。これについて，次の辺や面をすべて答えなさい。

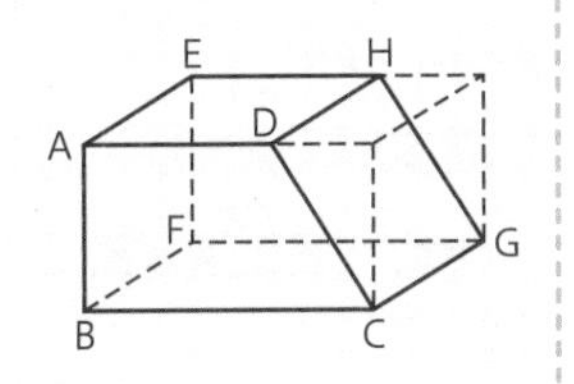

❶ 辺ADと平行な辺

❷ 辺BCと垂直な面

❸ 辺BFとねじれの位置にある辺

ポイント ❷ 辺と垂直な面は，面上の2直線と垂直かを調べる。

解き方と答え

❶ 辺BC，EH，**FG**

❷ BC⊥AB，BC⊥FB だから，
面 **ABFE**

❸ 辺AD，EH，**DC**，HG

例題② 展開図

右の図は立方体の展開図である。この展開図を組み立ててできる立方体について，次の点や辺を答えなさい。

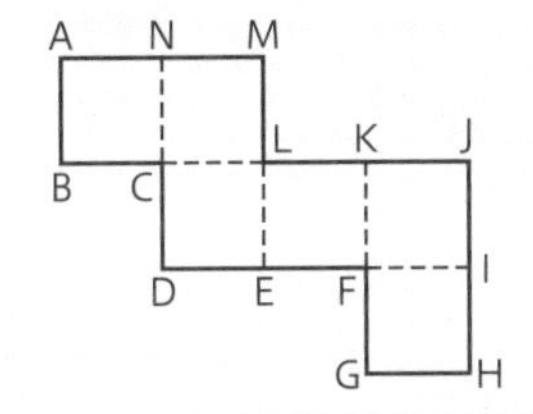

❶ 点Aと重なる点

❷ 辺KJと重なる辺

ポイント 立方体の見取図をかいて考える。

解き方と答え

立方体の見取図に展開図の記号をかくと，右の図のようになる。

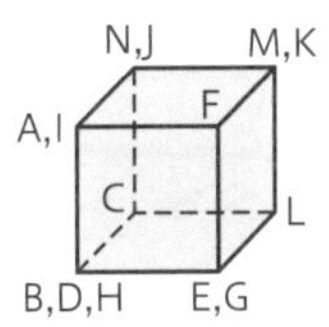

❶ 点 **I**

❷ 辺 **MN**

月　日

38. 立体の表面積・体積 1年

① 立体の表面積・体積★★★

❶ 角柱・円柱

表面積＝側面積＋底面積×2

体積＝底面積×高さ

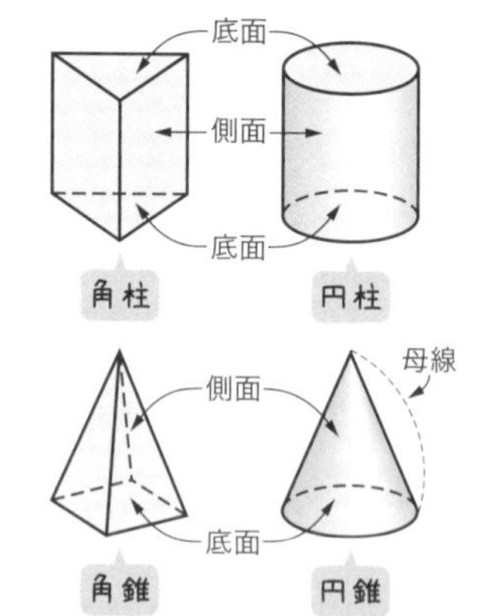

❷ 角錐（かくすい）・円錐

表面積＝側面積＋底面積

体積＝$\frac{1}{3}$×底面積×高さ

- 立体のすべての面の面積を表面積，側面全体の面積を**側面積**，1つの底面の面積を**底面積**という。
- 角柱，円柱の底面積をS，高さをhとすると，体積Vを求める式は，$V=Sh$
- 角錐，円錐の底面積をS，高さをhとすると，体積Vを求める式は，$V=\frac{1}{3}Sh$

② 球の表面積・体積★★

半径rの球の表面積をS，体積をVとすると，

❶ 表面積 $S=4\pi r^2$ ← 心配ある事情（4 π r 2乗）

❷ 体積 $V=\frac{4}{3}\pi r^3$ ← 身の上に心配あるので参上（$\frac{4}{3}$ π r 3乗）

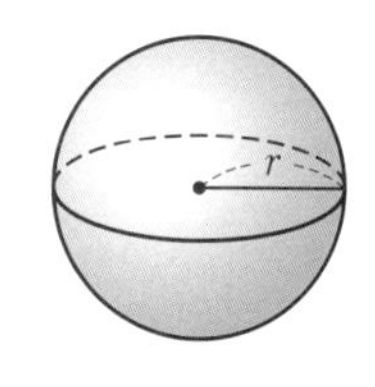

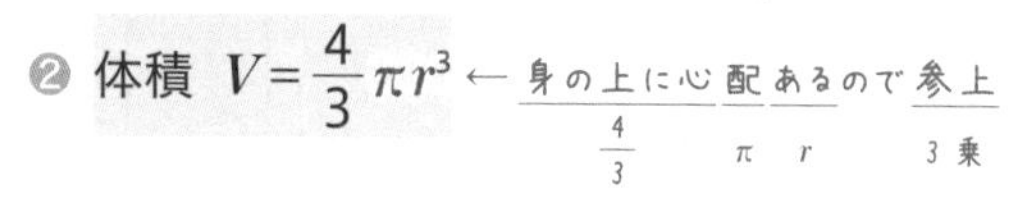

得点UP! 円錐の側面の展開図はおうぎ形になり，その半径は母線の長さと同じである。

例題① 立体の表面積・体積

次の三角柱や円錐の表面積と体積を求めなさい。

❶
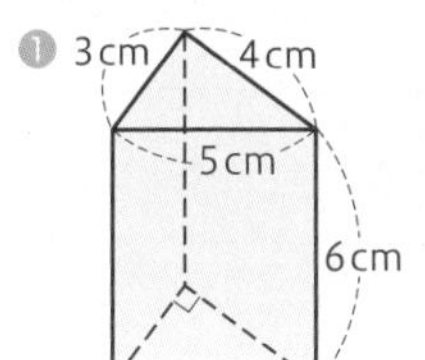

❷
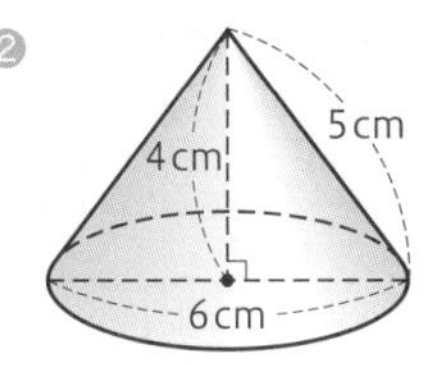

ポイント 表面積は，展開図から考える。

解き方と答え

❶ 右の展開図より，

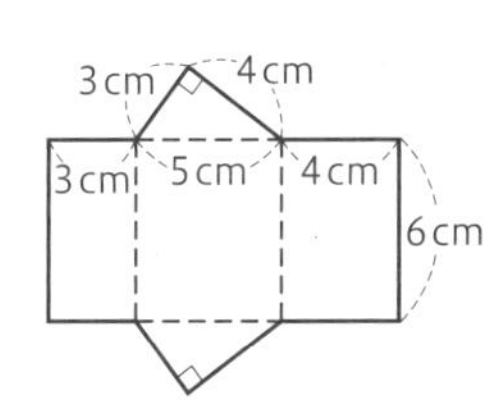

側面積は，$6\times(3+5+4)=72$ (cm²)

底面積は，$\frac{1}{2}\times3\times4=6$ (cm²) だから，

表面積は，$72+6\times2=84$ (cm²)

体積は，$6\times6=36$ (cm³)

答 表面積…84 cm²，体積…36 cm³

❷ 右の展開図で，側面のおうぎ形の中心角をx°とすると，

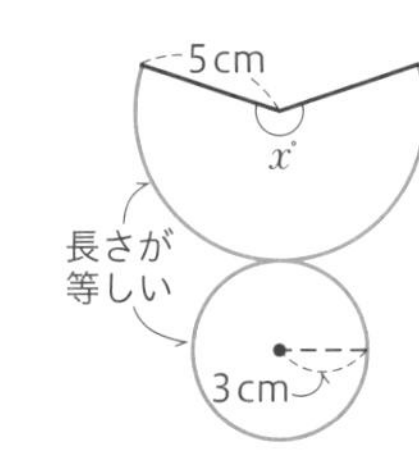

$$2\pi\times5\times\frac{x}{360}=2\pi\times3 \quad x=216$$

側面の弧の長さ　底面の円周

よって，側面積は，

$\pi\times5^2\times\frac{216}{360}=15\pi$ (cm²)

底面積は，$\pi\times3^2=9\pi$ (cm²) だから，

表面積は，$15\pi+9\pi=24\pi$ (cm²)

体積は，$\frac{1}{3}\times9\pi\times4=12\pi$ (cm³)

答 表面積…24π cm²，体積…12π cm³

Check!
底面の半径r，母線の長さRの円錐の側面積Sは，$S=\pi rR$ でも求められる。
❷では $\pi\times3\times5=15\pi$ (cm²)

月　日

39. 立体のいろいろな見方 1年

① 回転体★★

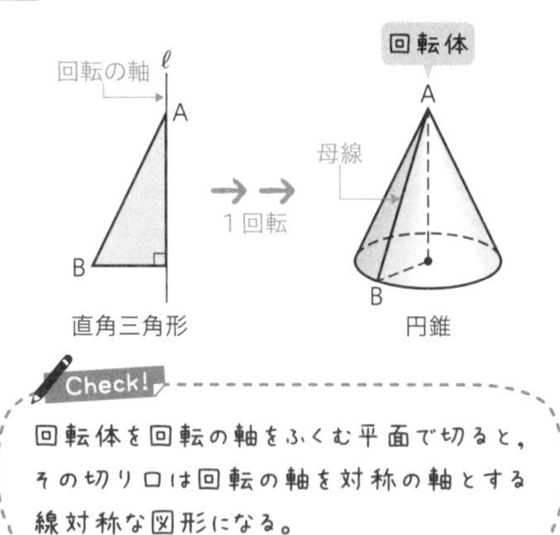

Check!

回転体を回転の軸をふくむ平面で切ると，その切り口は回転の軸を対称の軸とする線対称な図形になる。

- 1つの平面図形を，ある直線を軸として回転させてできる立体を回転体という。

② 投影図(とうえいず)★★

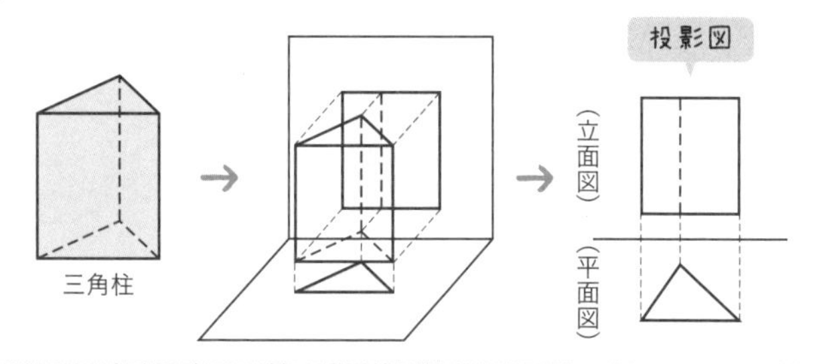

- 立体を正面から見た図を**立面図**，真上から見た図を**平面図**といい，これらを組み合わせた図を**投影図**という。
- 投影図では，実際に見える辺は実線――で表し，見えない辺は破線----で表す。

得点UP! 円柱は長方形の１辺を軸として回転させてできる回転体，球は半円の直径を軸として回転させてできる回転体である。

例題① 回転体

右の図のおうぎ形 OAB は，半径 3 cm，中心角 90° である。このおうぎ形 OAB を，AO を通る直線 ℓ を軸として１回転させてできる立体の体積と表面積を求めなさい。 〔和歌山〕

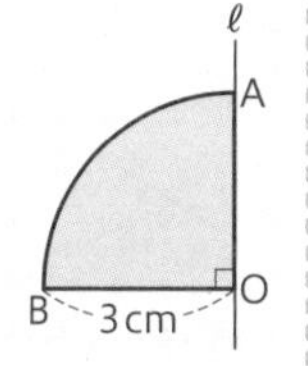

ポイント 回転体は曲面をもつ立体になる。

解き方と答え

できる立体は，右の図のような半球になる。体積は，半径 3 cm の球の半分だから，$\frac{4}{3}\pi \times 3^3 \times \frac{1}{2} = 18\pi$ (cm^3)

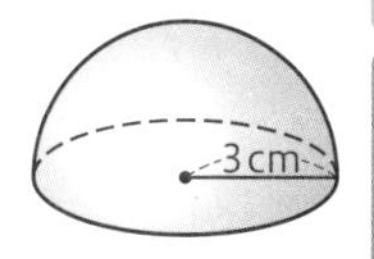

半球の曲面部分の面積は，$4\pi \times 3^2 \times \frac{1}{2} = 18\pi$ (cm^2)

平面部分の面積は，$\pi \times 3^2 = 9\pi$ (cm^2)

よって，表面積は，$18\pi + 9\pi = 27\pi$ (cm^2)

答 体積…18π cm^3，表面積…27π cm^2

例題② 投影図

右の投影図で表された立体の体積を求めなさい。

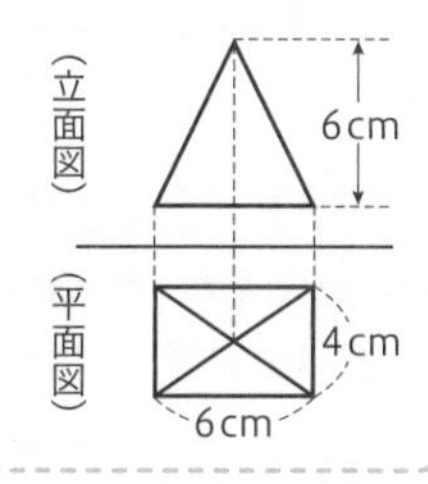

ポイント 立面図から側面，平面図から底面の形を考える。

解き方と答え

立体は底面が長方形の四角錐になる。

底面積は $4 \times 6 = 24$ (cm^2) だから，体積は，$\frac{1}{3} \times 24 \times 6 = 48$ (cm^3)

月　日

40. 平行線と角

2年

① 対頂角と同位角・錯角(さっかく)★★

❶

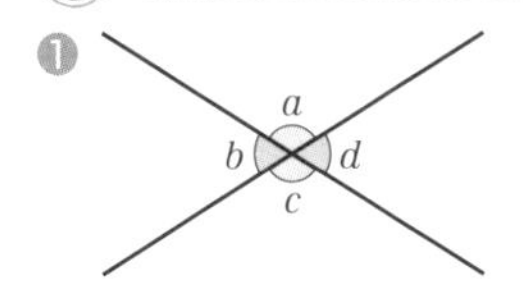

対頂角 $\angle a$ と $\angle c$
$\angle b$ と $\angle d$

↓

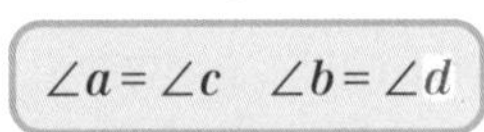

❷

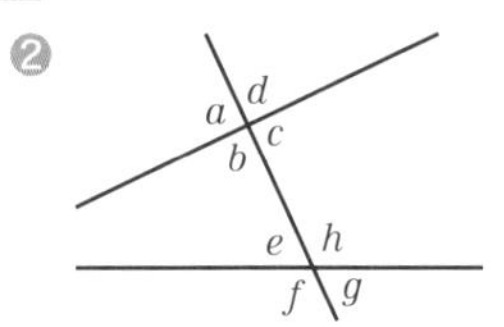

同位角 $\angle a$ と $\angle e$, $\angle b$ と $\angle f$
$\angle c$ と $\angle g$, $\angle d$ と $\angle h$

錯　角 $\angle b$ と $\angle h$, $\angle c$ と $\angle e$

- 上の❶の図の $\angle a$ と $\angle c$, $\angle b$ と $\angle d$ のように向かい合っている角を**対頂角**という。対頂角は等しい。
- 上の❷の図の $\angle a$ と $\angle e$ のような位置にある2つの角を**同位角**といい, $\angle b$ と $\angle h$ のような位置にある2つの角を**錯角**という。

② 平行線と角★★★

❶ $\ell /\!/ m$ ならば,
$\angle a = \angle b$　$\angle a = \angle c$

❷ $\angle a = \angle b$ か $\angle a = \angle c$ ならば,
$\ell /\!/ m$

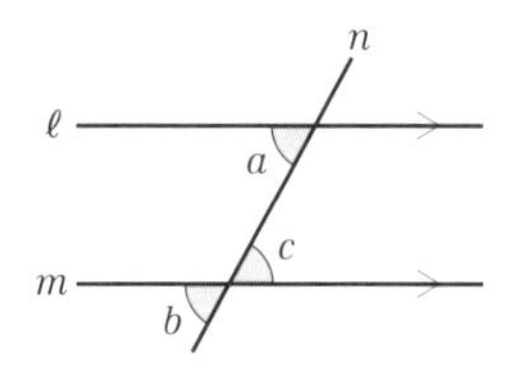

- 2直線に1つの直線が交わるとき,
  ① 2直線が平行ならば, 同位角・錯角は等しい。**(平行線の性質)**
  ② 同位角または錯角が等しければ, 2直線は平行である。
  (平行線になるための条件)

角度を求める問題では，平行線の性質が使えるように，補助線をひくことを考える。

例題① 平行線と角 ①

右の図で，$\ell /\!/ m$ のとき，$\angle x$ の大きさを求めなさい。

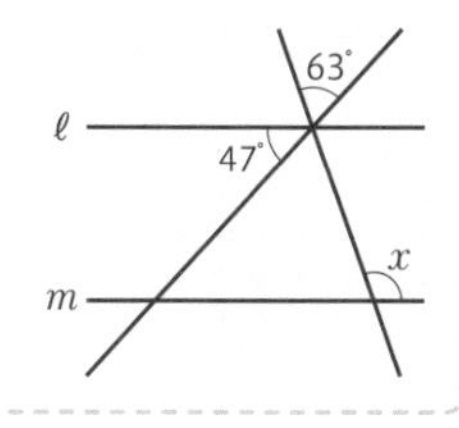

ポイント 対頂角や平行線の同位角・錯角は等しい。

解き方と答え

対頂角は等しいから，右の図のようになる。
平行線の同位角は等しいから，
$\angle x = 63° + \mathbf{47}° = 110°$

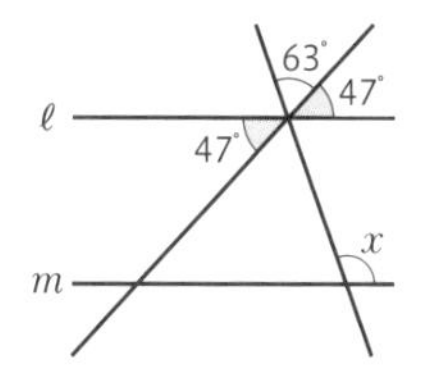

例題② 平行線と角 ②

右の図で，2 直線 ℓ，m は平行である。
このとき，$\angle a$ の大きさを求めなさい。

〔秋田〕

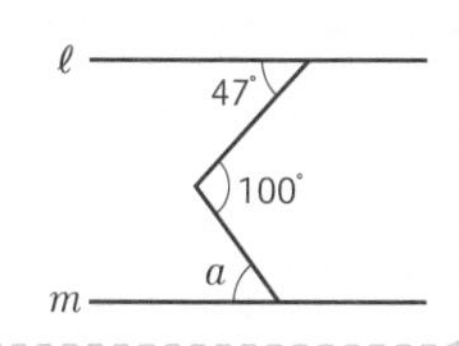

ポイント 平行な補助線をひいて考える。

解き方と答え

右の図のように，直線 ℓ，m に平行な直線 n をひく。
平行線の錯角は等しいから，
$47° + \angle a = \mathbf{100}°$
よって，$\angle a = 100° - 47° = \mathbf{53}°$

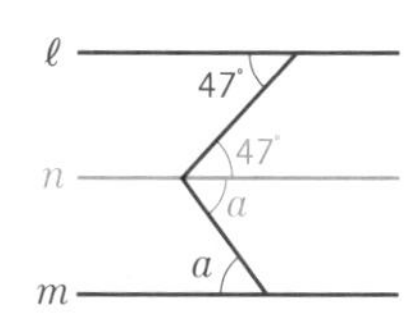

part4

図形①

月　日

41. 多角形と角

2年

① 三角形の内角と外角★★★

❶ 内角の和

$\angle a + \angle b + \angle c = 180°$

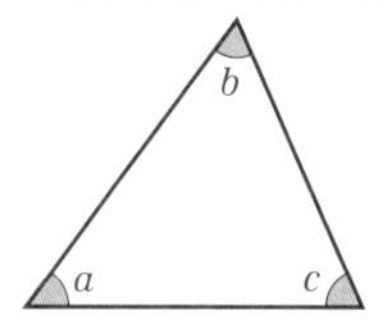

❷ 内角と外角の関係

$\angle a + \angle b = \angle d$

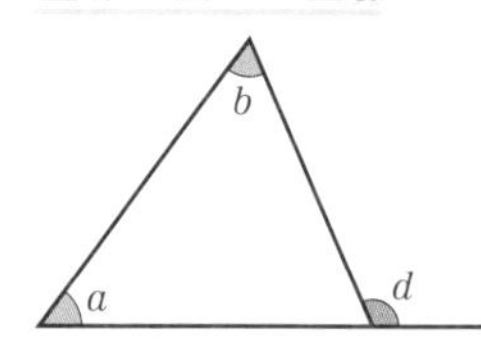

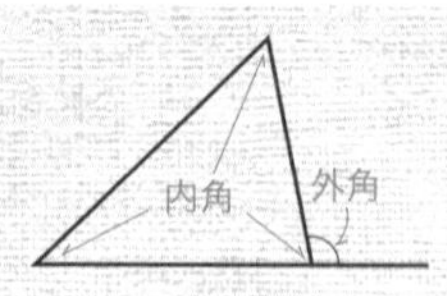

- 三角形の3つの内角の和は **180°** である。
- 三角形の外角は，それととなり合わない2つの内角の和に等しい。
- 0°より大きく90°より小さい角を**鋭角**(えいかく)，90°より大きく180°より小さい角を**鈍角**(どんかく)という。
- 3つの角が鋭角である三角形を**鋭角三角形**，1つの角が直角である三角形を**直角三角形**，1つの角が鈍角である三角形を鈍角三角形という。

② 多角形の内角と外角の和★★

❶ 内角の和 $180° \times (n-2)$

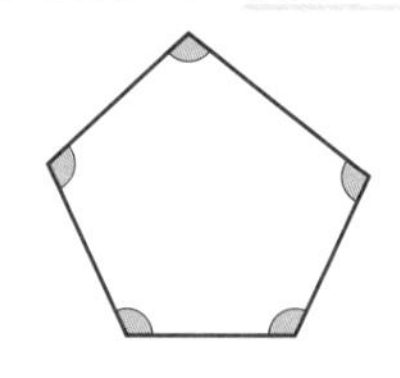

❷ 外角の和 $360°$

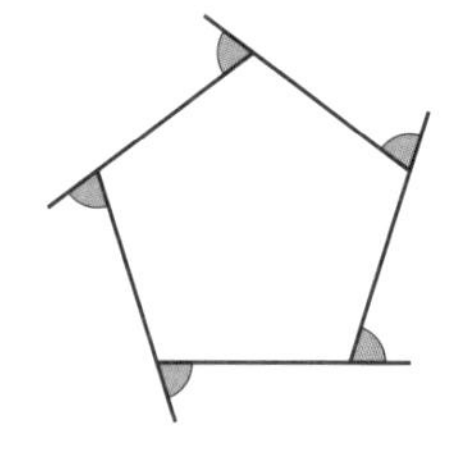

- n 角形の内角の和は，$180° \times (n-2)$ である。

  例 五角形の内角の和は，$180° \times (5-2) = 180° \times 3 = 540°$
- 多角形の外角の和は **360°** である。

得点UP! 内角の和は，三角形が180°，四角形が360°，五角形が540°，……となるが，外角の和はいつも360°で一定である。

例題① 三角形と角

右の図で，$\angle x$ の大きさを求めなさい。

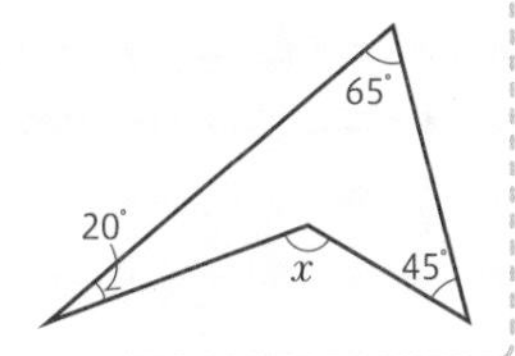

ポイント 2つの三角形に分けて求める。

解き方と答え

右の図より，△ABD の内角と外角の関係から，

$\angle \mathrm{BDC} = 65° + \mathbf{20}° = 85°$

△DEC の内角と外角の関係から，

$\angle x = \mathbf{85}° + 45° = 130°$

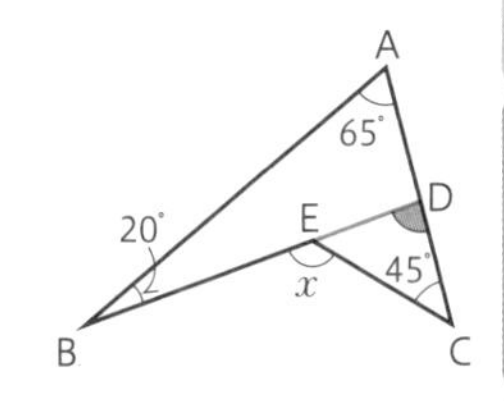

例題② 多角形と角

右の図で，$\angle x$ の大きさを求めなさい。

〔福島〕

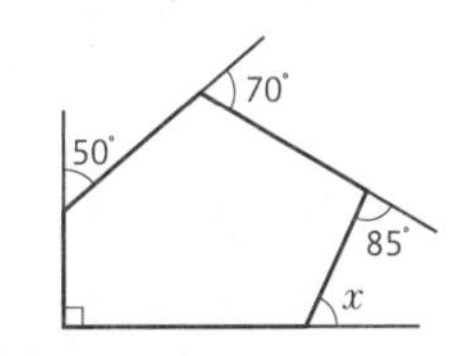

ポイント 多角形の外角の和は一定である。

解き方と答え

外角の和は **360°** だから，

$50° + 70° + \mathbf{85}° + \angle x + \underline{90°}$

↑ 直角の外角

$= 360°$

$\angle x = 360° - 295° = \mathbf{65}°$

月　日

42. 三角形の合同条件 2年

① 三角形の合同条件★★★

2つの三角形は次のどれかが成り立つとき合同である。

❶ 3組の辺がそれぞれ等しい。

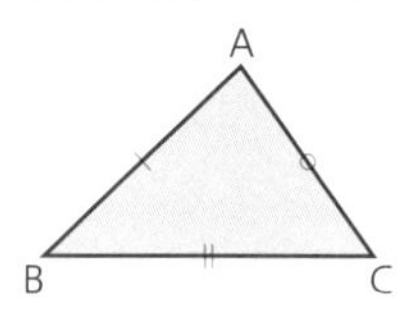

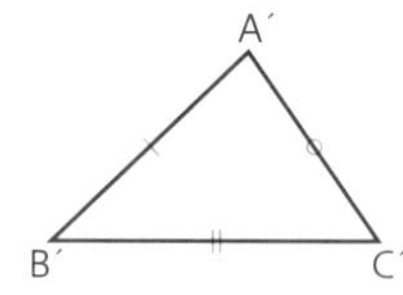

AB＝A′B′
BC＝B′C′
CA＝C′A′

❷ 2組の辺とその間の角がそれぞれ等しい。

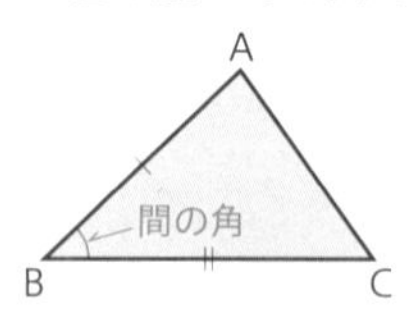

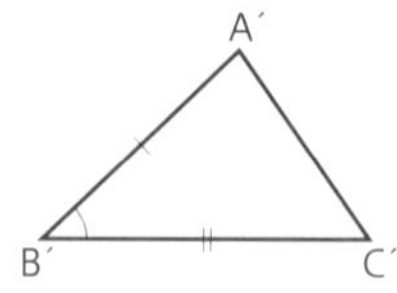

AB＝A′B′
BC＝B′C′
∠B＝∠B′

❸ 1組の辺とその両端の角がそれぞれ等しい。

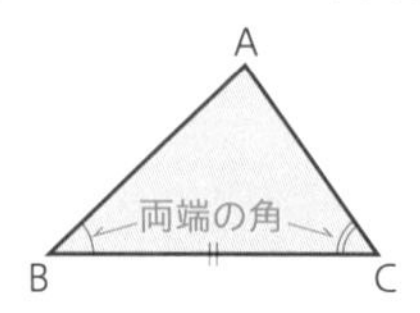

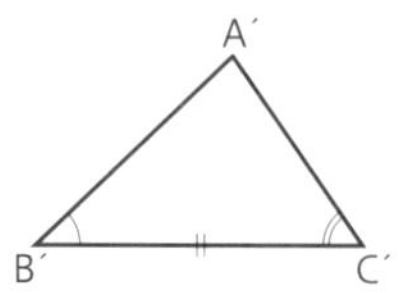

BC＝B′C′
∠B＝∠B′
∠C＝∠C′

- 平面上の2つの図形で，一方をずらしたり、裏返したりすることによって他方に重ね合わせることができるとき，この2つの図形は合同であるという。
- △ABCと△DEFが合同であることを，記号≡を使って，**△ABC≡△DEF** と表す。
- 合同な図形は，対応する線分や角が等しい。
- 2つの三角形の合同を調べるときは，重ね合わせたりしなくても，上の❶～❸の合同条件のどれかがあてはまれば合同であると判断できる。
- 「ア ならば イ」という形で表された文で，ア の部分を**仮定**，イ の部分を**結論**という。

得点UP! 「対頂角の性質」「平行線の性質」「三角形の内角と外角の性質」「合同な図形の性質」などが証明の根拠としてよく使われる。

例題① 三角形の合同

右の図において，合同な三角形の組を，記号≡を使って表しなさい。また，そのときに使った三角形の合同条件を答えなさい。ただし，同じ印をつけた辺は等しいものとする。

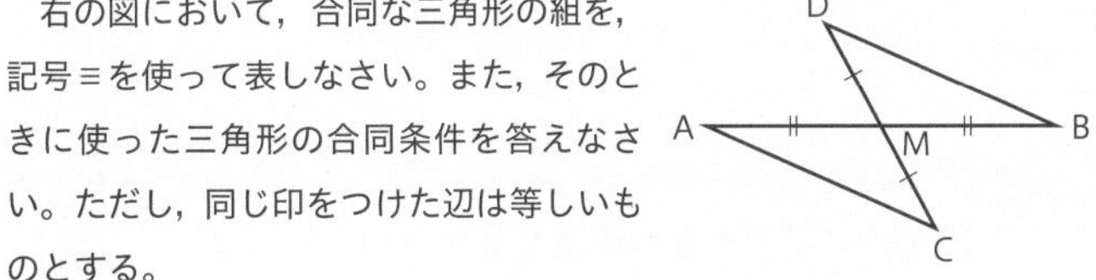

ポイント 等しい辺，等しい角を見つけて合同条件を考える。

解き方と答え

AM＝BM，CM＝**DM**，∠AMC＝∠BMD　（対頂角は等しい）

答　△AMC≡△**BMD**

合同条件…2組の辺とその**間の角**がそれぞれ等しい。

証明 例題② 合同の証明

右の図のような AD//BC の台形ABCDの辺ABの中点をMとし，線分DMの延長と辺CBの延長との交点をEとする。このとき，AD＝BEであることを証明しなさい。

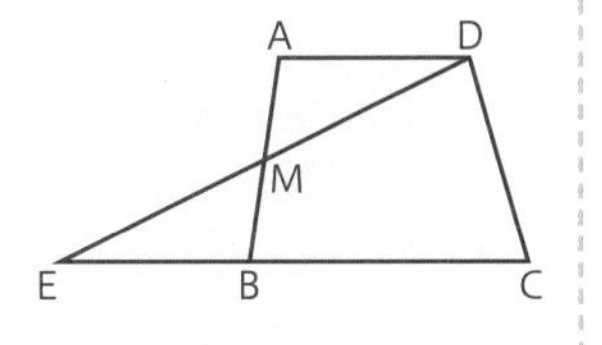

ポイント △AMD と △BME が合同ならば，AD＝BE

解き方と答え

△AMD と △BME において，

M は AB の中点だから，AM＝BM

対頂角は等しいから，∠AMD＝∠**BME**

AD//EC より，錯角は等しいから，∠DAM＝∠EBM

1組の辺とその**両端の角**がそれぞれ等しいから，

△AMD≡△BME

合同な図形の対応する辺は等しいから，AD＝**BE**

月　日

43. 三角形

2年

① 二等辺三角形★★★

定義 2辺が等しい三角形を**二等辺三角形**という。

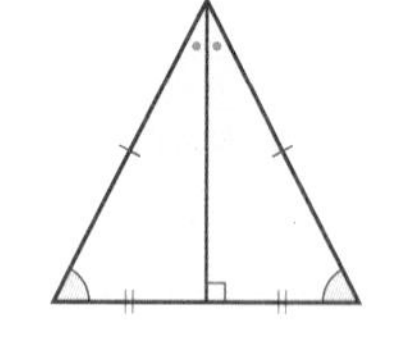

性質 ❶ **2つの底角は等しい。**
❷ **頂角の二等分線は底辺を垂直に2等分する。**

- 二等辺三角形で，長さの等しい2辺の間の角を**頂角**，頂角に対する辺を底辺，底辺の両端の角を**底角**という。
- **二等辺三角形になるための条件**…三角形の2つの角が等しければ，その三角形は等しい2つの角を底角とする二等辺三角形である。

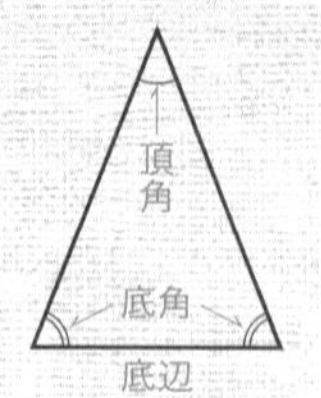

② 直角三角形の合同条件★★

2つの直角三角形は，次のどちらかが成り立つとき合同である。

❶ **斜辺(しゃへん)と1つの鋭角がそれぞれ等しい。**

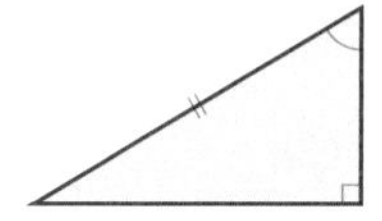
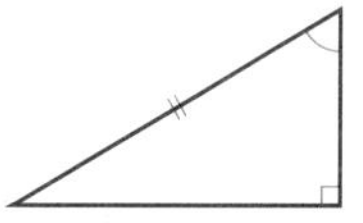

❷ **斜辺と他の1辺がそれぞれ等しい。**

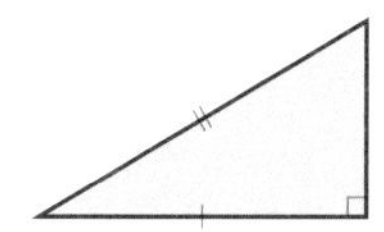
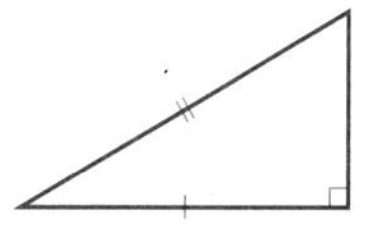

- 直角三角形の直角に対する辺を**斜辺**という。

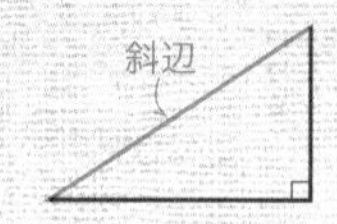

二等辺三角形の底角は等しいから，頂角の大きさがわかれば，内角の和から底角の大きさを求められる。

例題① 二等辺三角形の性質

右の図のような AB＝AC の二等辺三角形 ABC があり，辺 AB 上に AD＝CD となる点Dをとる。このとき，$\angle x$ の大きさを求めなさい。

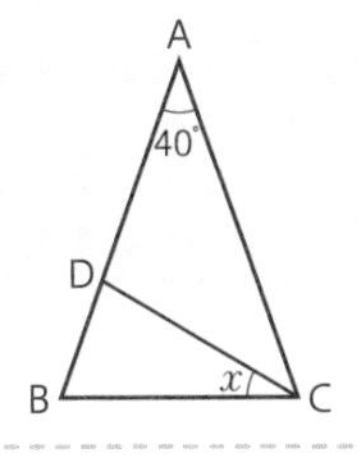

ポイント △ABC，△DAC は二等辺三角形である。

解き方と答え

$\angle ACB = (180° - 40°) \div 2 = 70°$

AD＝CD より，△DAC は二等辺三角形である。

$\angle DAC = \angle DCA = 40°$ だから，$\angle x = 70° - 40° = 30°$

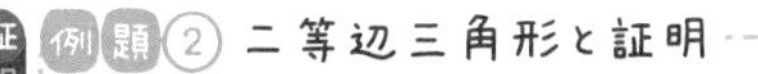

例題② 二等辺三角形と証明

右の図のような ∠A が鋭角で，AB＝AC の二等辺三角形 ABC がある。辺 AB，AC 上に ∠ADC＝∠AEB＝90° となるようにそれぞれ点 D，E をとる。このとき，AD＝AE であることを証明しなさい。　〔栃木〕

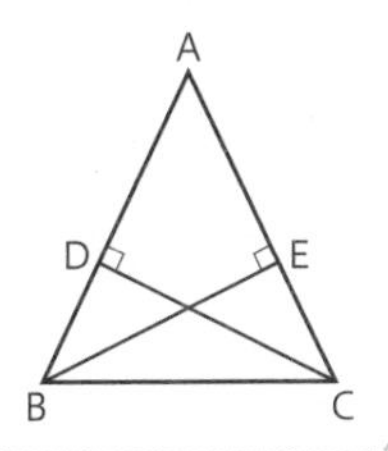

ポイント 直角三角形の合同を証明する。

解き方と答え

△ADC と △AEB において，仮定より，

∠ADC＝∠AEB＝90° ……①　AC＝AB ……②

共通の角だから，∠CAD＝∠BAE ……③

①，②，③より，直角三角形の斜辺と１つの鋭角がそれぞれ等しいので，

△ADC≡△AEB

よって，合同な図形の対応する辺は等しいから，AD＝AE

月　日

44. 平行四辺形 ①

2年

① 平行四辺形★★★

定義 2組の対辺がそれぞれ平行である四角形を**平行四辺形**という。
AB//DC，AD//BC

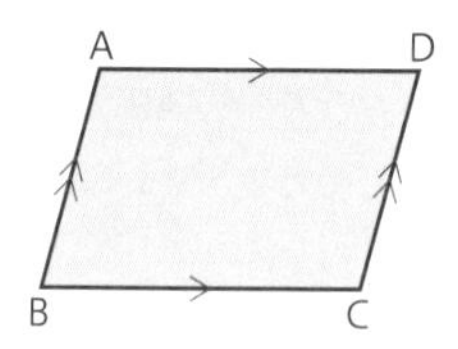

性質 ❶ **2組の対辺はそれぞれ等しい。**
AB＝DC，AD＝**BC**

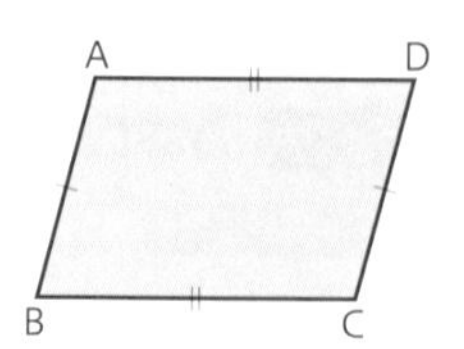

❷ **2組の対角はそれぞれ等しい。**
∠A＝∠**C**，∠B＝∠D

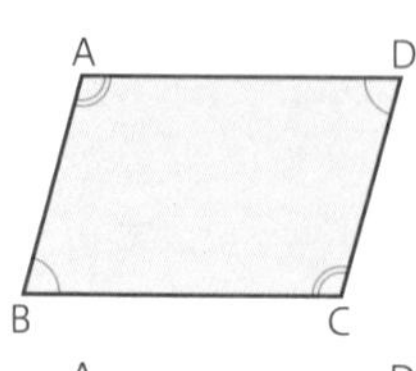

❸ **対角線はそれぞれの中点で交わる。**
AO＝CO，BO＝DO

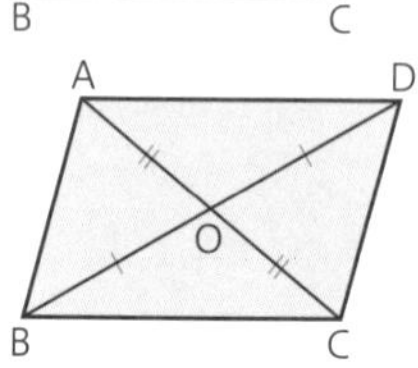

平行四辺形ABCDを▱ABCDと書くこともある。

- 四角形の向かい合う辺を**対辺**，向かい合う角を**対角**という。
- 平行四辺形のとなり合う角の和は**180°**である。
  右の図で，∠A＋∠B＝180°
  ∠A＋∠D＝180°

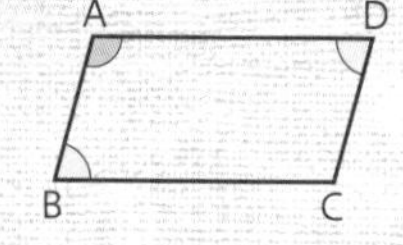

平行四辺形の問題では，平行四辺形の性質だけでなく，平行線の同位角や錯角が等しいこともよく利用される。

例題① 平行四辺形の性質

右の図のように，平行四辺形 ABCD の辺 BC 上に AB＝AE となるように点Eをとる。$\angle$BCD＝115° のとき，$\angle x$ の大きさを求めなさい。 〔大分〕

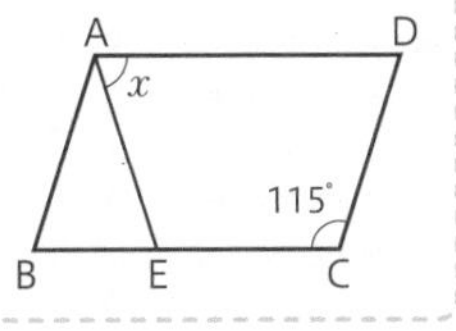

ポイント 平行四辺形のとなり合う角の和は 180°

解き方と答え

平行線の錯角は等しいから，$\angle x = \angle$**AEB**

二等辺三角形の底角は等しいから，$\angle$AEB＝$\angle$ABE

平行四辺形のとなり合う角の和は 180° だから，

$\angle x = \angle$ABE＝180°－**115**°＝65°

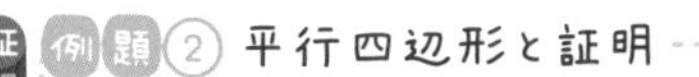

例題② 平行四辺形と証明

右の図のように，▱ABCD において，$\angle$C の二等分線と辺 AD との交点を E，$\angle$A の二等分線と辺 BC との交点を F とする。このとき，AF＝EC であることを証明しなさい。

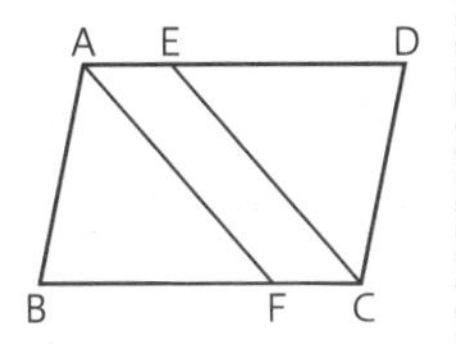

ポイント 平行四辺形の性質を利用する。

解き方と答え

△ABF と △CDE において，

平行四辺形の対辺は等しいから，AB＝**CD** ……①

平行四辺形の対角は等しいから，$\angle$ABF＝$\angle$CDE ……②

また，$\angle \mathrm{BAF} = \dfrac{1}{2}\angle \mathrm{BAD} = \dfrac{1}{2}\angle \mathrm{DCB} = \angle$**DCE** ……③

①，②，③より，**1**組の辺とその両端の角がそれぞれ等しいから，

△ABF≡△CDE

よって，AF＝EC

月　日

45．平行四辺形 ②

2年

① 平行四辺形になるための条件★★

四角形は次のどれかが成り立てば平行四辺形である。

❶ 2 組の対辺がそれぞれ平行である。（定義）

❷ 2 組の対辺がそれぞれ等しい。

❸ 2 組の対角がそれぞれ等しい。

❹ 対角線がそれぞれの中点で交わる。

❺ 1 組の対辺が平行でその長さが等しい。

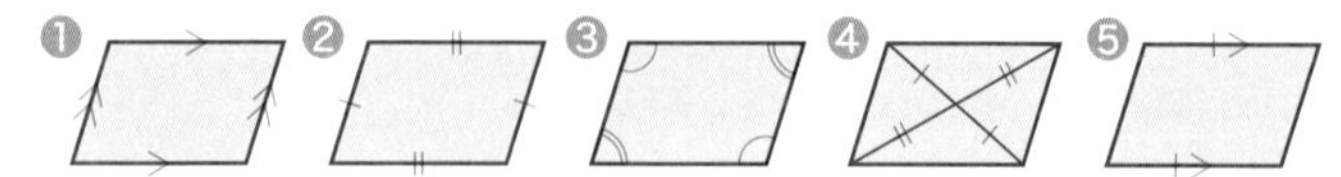

② 特別な平行四辺形★

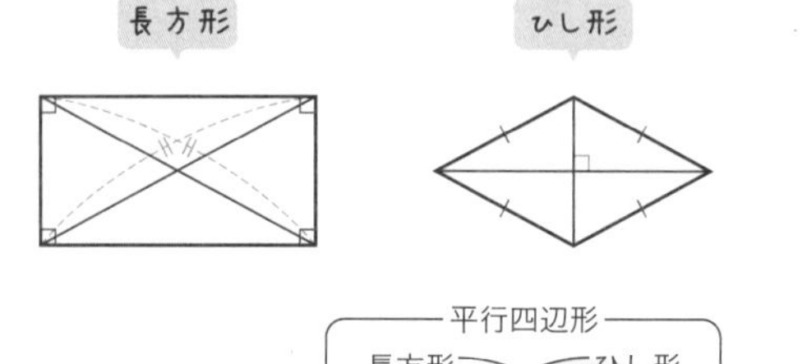

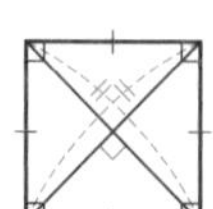

平行四辺形
長方形
ひし形
正方形

- 4 つの角が等しい四角形を**長方形**という。長方形の対角線は等しい。
- 4 つの辺が等しい四角形をひし形という。ひし形の対角線は垂直に交わる。
- 4 つの角が等しく，4 つの辺が等しい四角形を**正方形**という。正方形の対角線は長さが等しく垂直に交わる。
- 長方形，ひし形，正方形は平行四辺形の特別な場合であり，平行四辺形の性質をもっている。

得点UP! 平行四辺形になるための条件は，「1組の対辺が平行でその長さが等しい」以外は，定義や性質の逆と考えればよい。

例題① 平行四辺形になるための条件

右の図のように，平行四辺形ABCDの対角線BD上に，BP＝DQとなる点P，Qをとる。このとき四角形APCQは平行四辺形であることを証明しなさい。

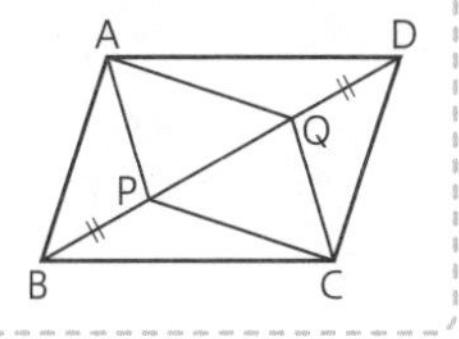

ポイント 平行四辺形になるための条件を利用する。

解き方と答え

右の図のように，対角線ACとBDの交点をOとすると，BO＝DO，AO＝CO ……①

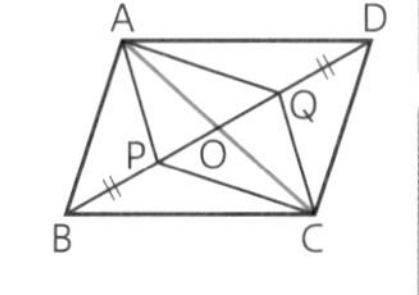

仮定より，BP＝DQ で，

PO＝BO－BP，QO＝DO－DQ だから，

PO＝QO ……②

①，②より，対角線がそれぞれの中点で交わるから，四角形APCQは平行四辺形である。

例題② 特別な平行四辺形

平行四辺形ABCDに次の条件を加えると，それぞれどんな四角形になりますか。

❶ AB＝AD

❷ AC＝BD，AC⊥BD

❸ ∠A＋∠C＝180°

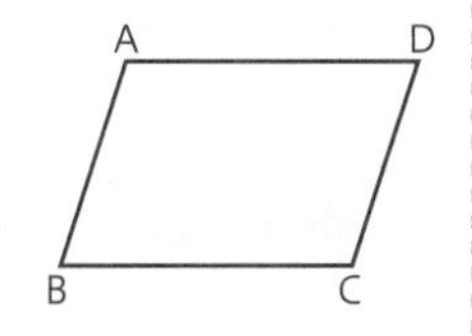

ポイント いろいろな四角形の性質を理解しておくこと。

解き方と答え

❶ 4つの辺が等しくなるから，ひし形

❷ 対角線の長さが等しく，垂直に交わるから，**正方形**

❸ ∠A＋∠C＝180° より，∠A＝∠C＝90°

4つの角が90°になって等しいから，**長方形**

月　日

46．相似な図形 ①

3年

① 相似(そうじ)な図形★★

三角形 ABC と三角形 A′B′C′
は相似であることを，
△ABC∽△A′B′C′
と表す。

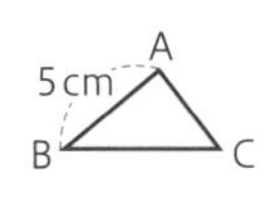

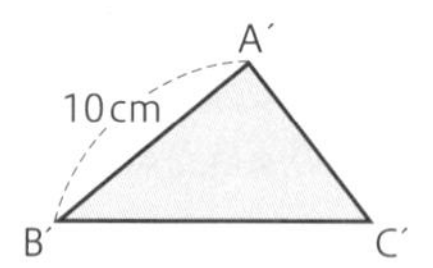

- 1つの図形を，形を変えずに一定の割合に拡大または縮小してできる図形は，もとの図形と**相似**であるという。
- 相似な図形は，対応する線分の長さの比(相似比という)はすべて等しく，対応する角の大きさはそれぞれ等しい。

例　上の図で，AB：A′B′＝BC：B′C′＝CA：C′A′＝1：2 ← 相似比
∠A＝∠A′，∠B＝∠B′，∠C＝∠C′

② 三角形の相似条件★★★

2つの三角形は，次のどれかが成り立つとき相似である。

❶ 3組の辺の比がすべて等しい。

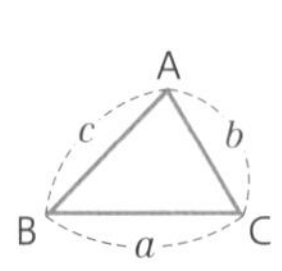

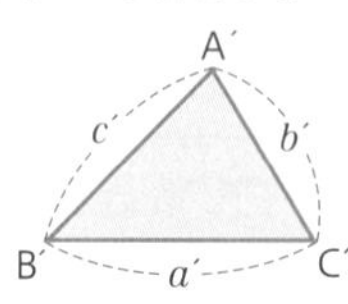

$a : a' = b : b' = c : c'$

❷ 2組の辺の比とその間の角がそれぞれ等しい。

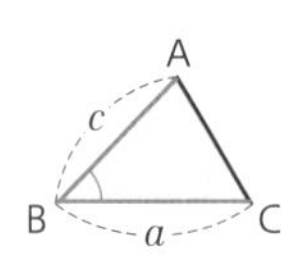

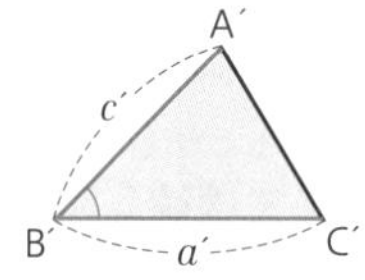

$a : a' = c : c'$
∠B＝∠B′

❸ 2組の角がそれぞれ等しい。

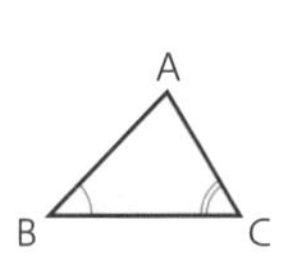

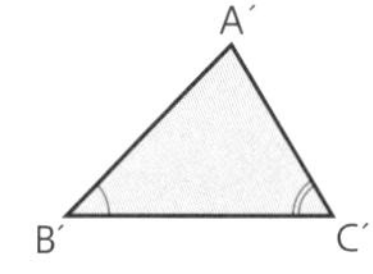

∠B＝∠B′
∠C＝∠C′

得点UP! 三角形の合同条件と相似条件はよく似ているので，しっかり区別して覚えておく。

例題① 三角形の相似条件

次の図の中から，相似なものを選び出しなさい。また，その相似条件を答えなさい。

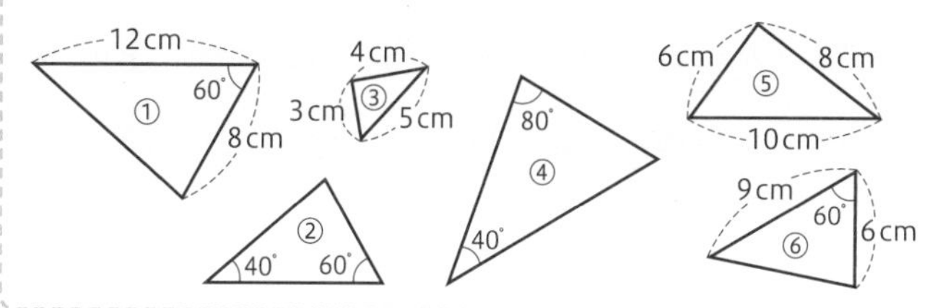

ポイント ②と④では，残りの角を求める。

解き方と答え

①と⑥……２組の辺の比とその間の角がそれぞれ等しい。

②と④……２組の角がそれぞれ等しい。

③と⑤……３組の辺の比がすべて等しい。

例題② 相似の証明

右の図で，AC//DB であるとき，△AOC∽△BOD であることを証明しなさい。

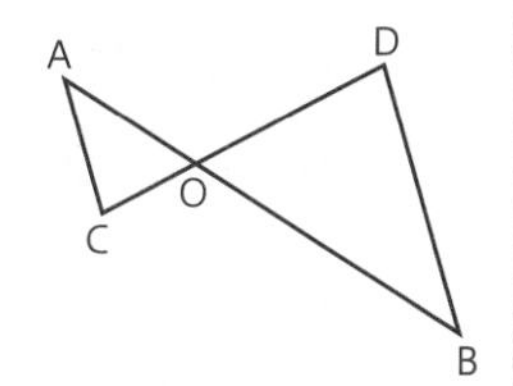

ポイント 三角形の相似条件のどれにあてはまるかを考える。

解き方と答え

△AOC と △BOD において，

対頂角は等しいから，∠AOC＝∠BOD ……①

AC//DB より，錯角は等しいから，∠OAC＝∠OBD ……②

①，②より，２組の角がそれぞれ等しいから，

△AOC∽△BOD

47. 相似な図形 ②

3年

① 相似の利用★★★

問 ∠A が直角である直角三角形 ABC において，頂点 A から辺 BC に垂線 AD をひく。次の問いに答えなさい。

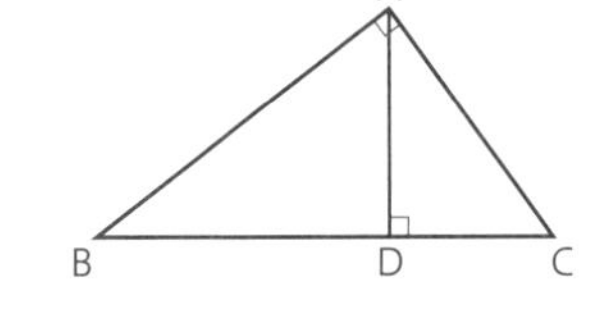

❶ △ABC∽△DAC であることを証明しなさい。

❷ BD = 4 cm，DC = 2 cm のとき，AC の長さを求めなさい。

解 ❶ △ABC と △DAC において，

∠BAC = ∠ADC = 90°　……①

共通な角だから，

∠ACB = ∠**DCA**　……②

①，②より，

2組の角がそれぞれ等しいから，

△ABC∽△DAC

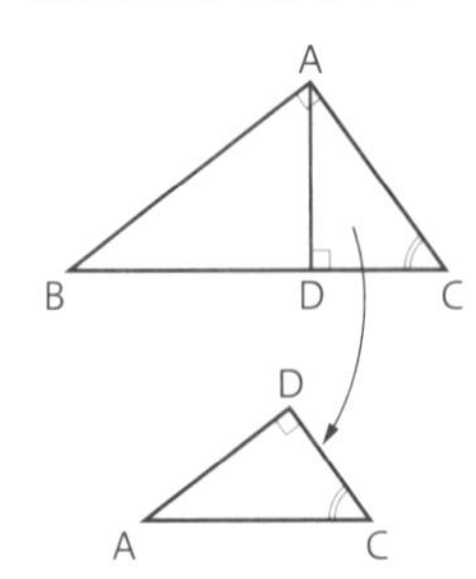

❷ 対応する辺の比は等しいから，

BC：AC = AC：**DC**

AC = x cm とすると，

$(4+2) : x = \boldsymbol{x} : 2$

$x^2 = 12$

$x > 0$ だから，$x = 2\sqrt{3}$

答 $2\sqrt{3}$ cm

● 図形の角の大きさが等しいことを示したり，辺の長さを求めたりするとき，三角形の相似を利用する場合がある。

相似の証明に利用する条件は，まず「2組の角」を考えてみる。
うまくあてはまらなければ他の条件を考えるとよい。

例題① 相似の利用

右の図のように，AB＝25 cm，BC＝30 cm，CA＝20 cm の△ABC があり，辺 AB 上に BD＝9 cm となる点Dをとる。

次の問いに答えなさい。

❶ △ABC∽△ACD であることを証明しなさい。

❷ 線分 CD の長さを求めなさい。 〔新潟〕

ポイント ❷は❶を利用して，対応する辺で式をつくる。

解き方と答え

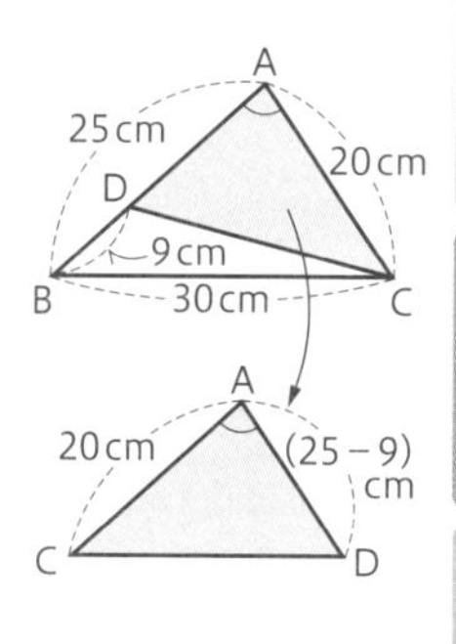

❶ △ABC と △ACD において，

共通の角だから，∠BAC＝∠CAD ……①

AB：AC＝25：20＝5：**4**

AC：AD＝20：**(25－9)**＝5：4

よって，

AB：AC＝AC：AD ……②

①，②より，2組の辺の比とその間の角がそれぞれ等しいから，

△ABC∽△ACD

❷ ❶より，△ABC∽△ACD で，対応する辺の比は等しいから，

BC：**CD**＝AB：AC

CD＝x cm とすると，

30：x＝5：4 より，x＝**24**

答 **24 cm**

入試で注意

合同や相似を記号≡，∽を使って表すときは，対応する頂点の順を同じにして書く。

月　日

48．平行線と線分の比 ①　3年

① 三角形と比★★★

△ABC の辺 AB，AC 上の点をそれぞれ P，Q とするとき，PQ//BC ならば，

❶ AP：AB＝AQ：AC＝**PQ**：BC

❷ AP：PB＝AQ：**QC**

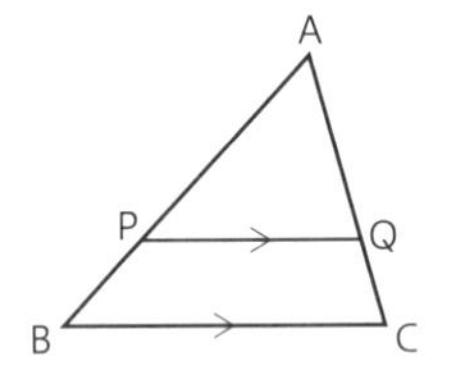

Check!
△ABC と △APQ は相似の関係にある。

● 上の定理は，右の図のように，2 点 P，Q が辺 BA，CA の延長上にあっても成り立つ。

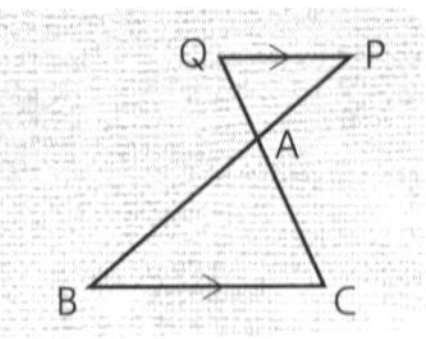

② 平行線と比★★

平行な 3 つの直線 a，b，c が直線 ℓ とそれぞれ点 A，B，C で交わり，直線 ℓ' とそれぞれ点 A′，B′，C′ で交わるとき，

❶ AB：BC＝A′B′：**B′C′**

❷ AB：**AC**＝A′B′：A′C′

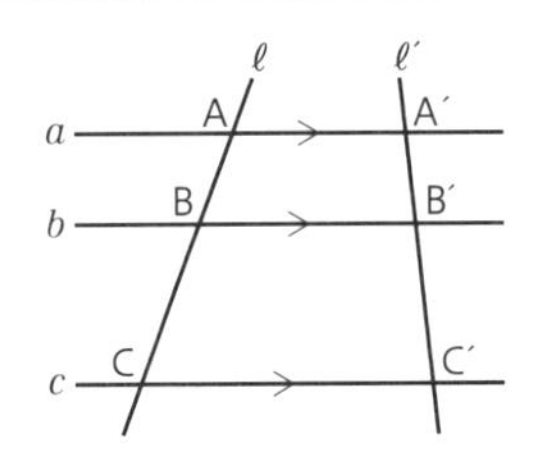

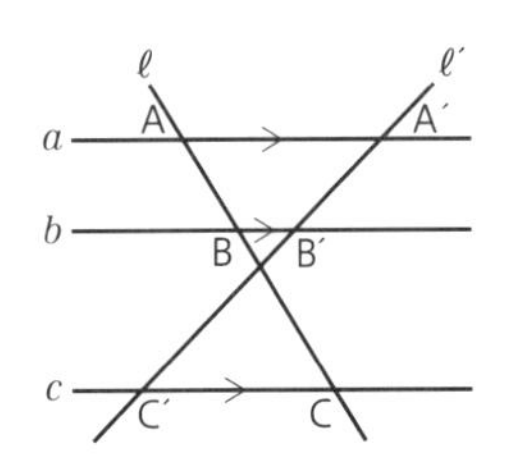

● 2 つの直線がいくつかの平行線と交わるとき，平行線で切り取られる線分の比は等しい。

線分の延長線や平行線などの補助線をひくことで，平行線と比の定理を使える場合がある。

例題① 三角形や平行線と比

次の図で，x の値を求めなさい。

❶ PQ//BC

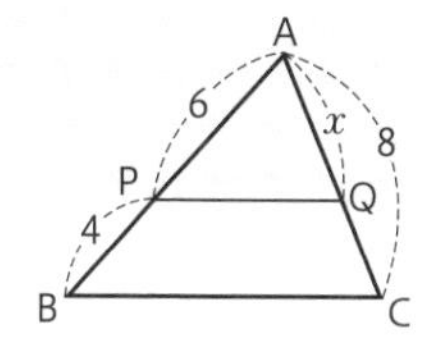

❷ $a//b//c$

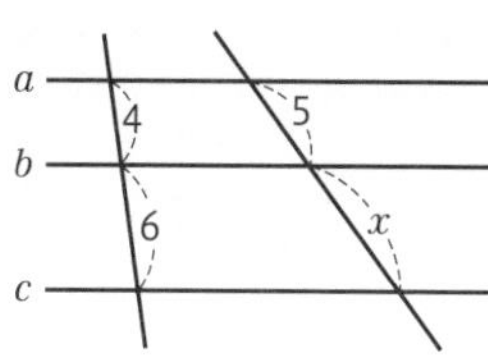

ポイント 比のとり方をまちがえないようにする。

解き方と答え

❶ AP：AB＝AQ：AC より，$6:10=x:8$　$10x=48$　$x=\frac{24}{5}$

❷ $4:6=5:x$　$4x=30$　$x=\frac{15}{2}$

　↑ $4:5=6:x$ でもよい

例題② 平行線と比の利用

右の四角形 ABCD は，AD//BC の台形である。AP＝PB，PQ//BC のとき，線分 PQ の長さを求めなさい。

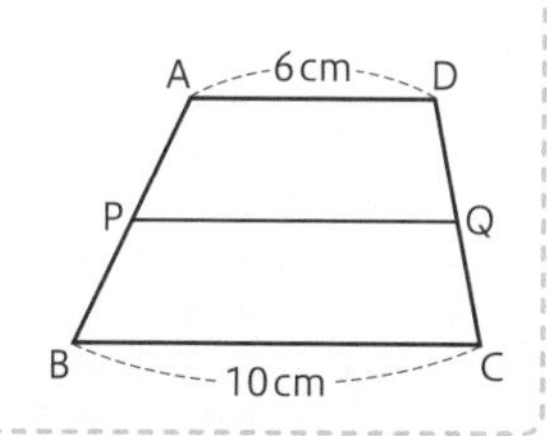

ポイント 点 A を通る DC に平行な補助線をひいてみる。

解き方と答え

右の図のように，点 A を通る DC に平行な直線と PQ，BC との交点をそれぞれ R，E とする。

BE＝10－6＝4 (cm)

PR//BE より，PR：BE＝AP：AB＝1：2

$PR=\frac{1}{2}BE=2$ (cm) だから，PQ＝2＋6＝8 (cm)

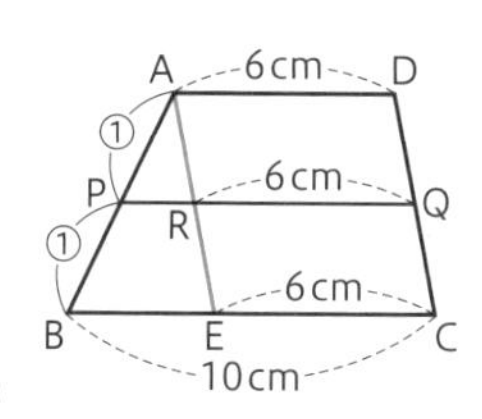

49. 平行線と線分の比 ② 3年

① 中点連結定理(ちゅうてんれんけつていり)★★

△ABC の 2 辺 AB，AC の中点をそれぞれ P，Q とすると，

❶ PQ//BC

❷ $PQ=\frac{1}{2}$**BC**

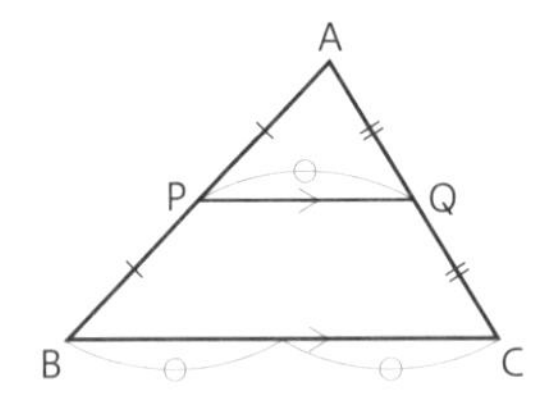

- 三角形の 2 辺の中点を結ぶ線分は，残りの辺に平行で，長さはその半分である。(**中点連結定理**)
- △ABC の辺 AB の中点 P を通り，BC に平行な直線と AC との交点を Q とすると，AQ＝**QC** が成り立つ。

② 角の二等分線と比★★

△ABC の ∠A の二等分線が辺 BC と交わる点を D とすると，

AB：AC＝**BD**：DC

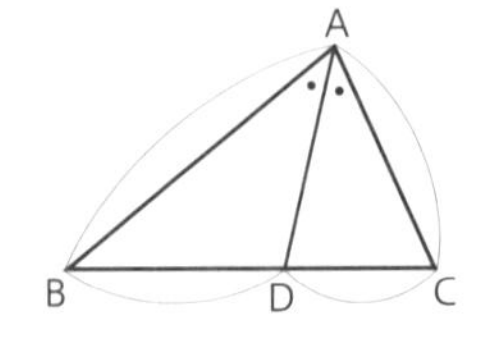

- (証明)点 C を通り，AD に平行な直線をひき，BA の延長との交点を E とする。
  AD//EC より，
  ∠AEC＝∠BAD＝∠CAD
  　　＝∠ACE
  2 つの角が等しいから△ACE は二等辺三角形となり，AE＝AC ……①
  AD//EC より，
  BA：AE＝BD：DC ……②
  ①，②より，AB：AC＝BD：DC

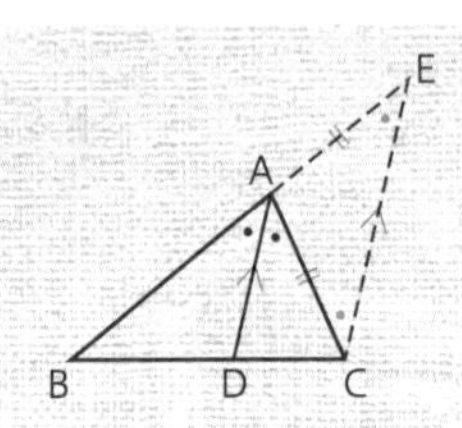

中点が2つ以上出てきたときは，中点連結定理が使えないかどうかを考えよう。

例題① 中点連結定理

右の図において，点C，Gは，それぞれBD，BFの中点である。また，AE：EC＝2：1である。このとき，xの値を求めなさい。

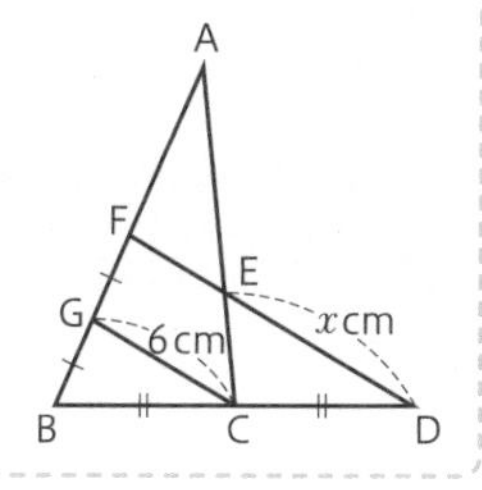

ポイント △BDFで，中点連結定理が利用できる。

解き方と答え

△BDFで，中点連結定理より，CG//DF ……①　$CG=\frac{1}{2}DF$ ……②

①より，△AGCで，EF：CG＝AE：AC＝2：3 だから，

$EF=\frac{2}{3}CG=4$ (cm)　②より，DF＝12 cm だから，$x=12-4=$**8**

例題② 角の二等分線と比

右の図の△ABCで，∠Aの二等分線と辺BCとの交点をD，∠Bの二等分線とADとの交点をEとする。

❶ BDの長さを求めなさい。

❷ AE：EDを求めなさい。

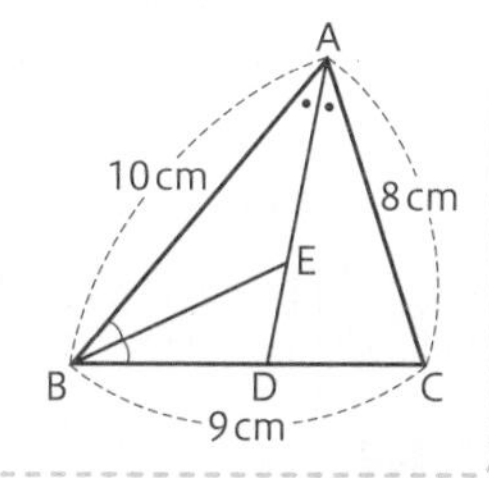

ポイント どの三角形で考えればよいのかに注意する。

解き方と答え

❶ △ABCで，BD：DC＝AB：AC＝10：8＝5：4 だから，

$BD=BC\times\frac{5}{5+4}=9\times\frac{5}{9}=5$ (cm)

❷ △BDAで，AE：ED＝AB：BD＝10：5＝**2：1**

月　日

50. 面積比と体積比

3年

① 高さが等しい三角形の面積比★★

△ABD：△ACD＝BD：CD

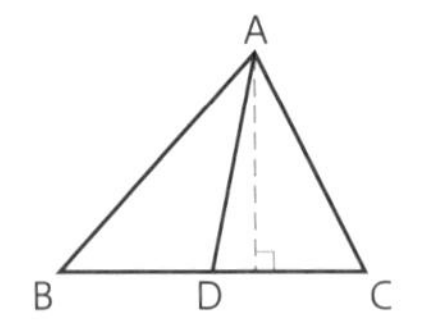

● 高さが等しい三角形の面積比は，底辺の長さの比に等しい。

② 相似な図形の面積比★★

相似な2つの図形では，相似比が

$a:b$ ならば，

面積比は，$a^2:b^2$

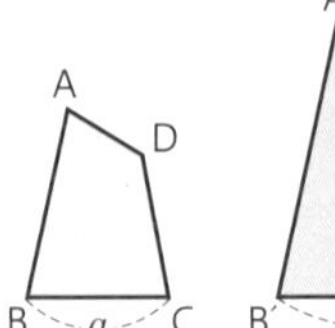

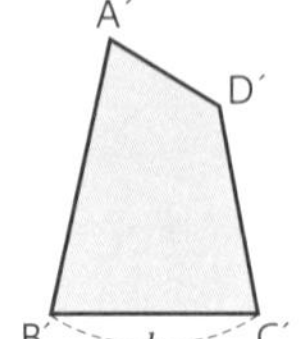

● 相似な図形の面積比は，相似比の2乗に等しい。

③ 相似な立体の表面積比・体積比★★

相似な2つの立体では，相似比が

$a:b$ ならば，

❶ **表面積比**は，$a^2:b^2$

❷ **体積比**は，$a^3:b^3$

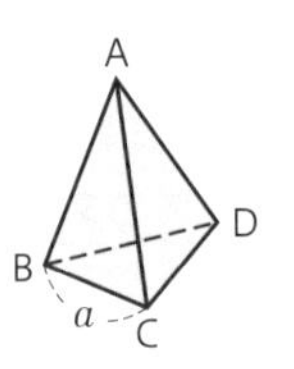

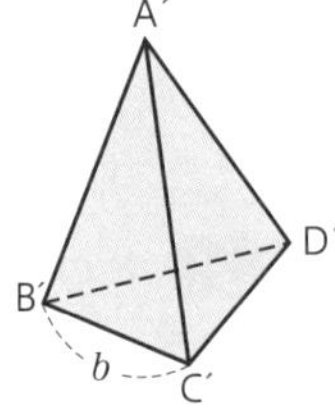

● 相似な立体の表面積比は，相似比の2乗に等しい。

● 相似な立体の体積比は，相似比の3乗に等しい。

相似な立体では，相似な平面図形と同様に，対応する線分の長さの比が相似比である。

例題① 三角形の相似比・面積比

右の図は AD//BC の台形 ABCD であり，対角線 AC，BD の交点をOとする。

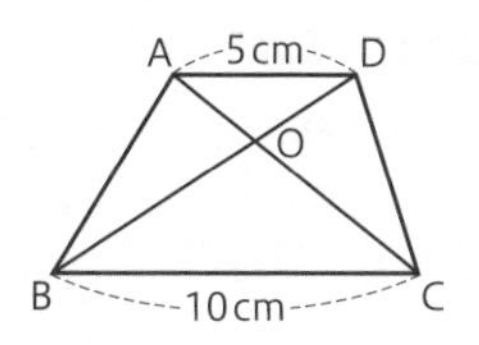

❶ △AOD と △COD の面積比を求めなさい。

❷ △AOD と △COB の面積比を求めなさい。

❸ $\triangle AOD = 5\ cm^2$ のとき，△COB の面積を求めなさい。

ポイント AD//BC だから，△AOD∽△COB である。

解き方と答え

❶ AD//BC より，2組の角がそれぞれ等しいから，△AOD∽△COB

よって，AO：CO＝AD：CB＝5：10＝**1：2**
（↑三角形と比の定理を利用する）

2つの三角形の底辺をそれぞれ AO，CO とすると，高さが等しいから，

△AOD：△COD＝AO：CO＝**1：2**

❷ △AOD と △COB の相似比は 1：2 だから，面積比は $1^2 : 2^2 = $ **1：4**
（相似比の2乗）

❸ $\triangle COB = x\ cm^2$ とすると，$5 : x = 1 : 4$

よって，$x = 20$　　**答** $20\ cm^2$

例題② 立体の表面積比・体積比

相似な2つの立体 P，Q があり，その表面積の比は4：9です。立体 P の体積が $8\ cm^3$ のとき，立体Qの体積を求めなさい。〔宮城〕

ポイント 表面積比から相似比を求める。

解き方と答え

P とQの相似比は，$\sqrt{4} : \sqrt{9} = 2 : 3$ だから，

体積比は，$2^3 : 3^3 = 8 : $ **27**

よって，Q の体積は，$8 \times \frac{27}{8} = 27\ (cm^3)$

まずは相似比だね

51. 円周角 ①

3年

① 円周角(えんしゅうかく)の定理★★★

❶ 1つの弧に対する円周角の大きさは一定である。

∠APB＝∠AP′B＝∠AP″B

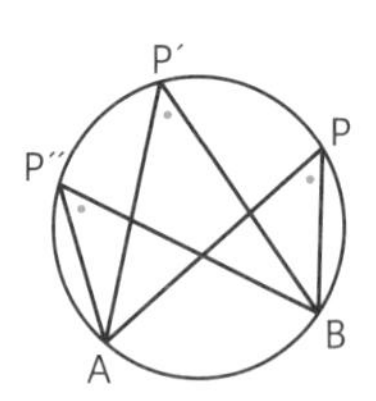

❷ 1つの弧に対する円周角の大きさは
その弧に対する中心角の半分である。

$\angle APB = \frac{1}{2}\angle AOB$

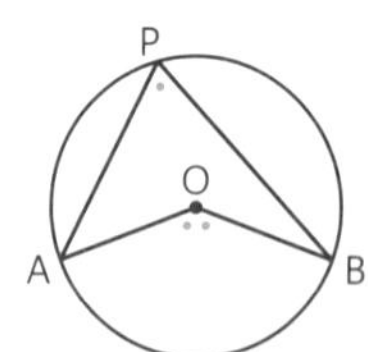

● 円Oにおいて，弧ABを除く円周上の点をPとするとき，∠APBを弧ABに対する円周角という。

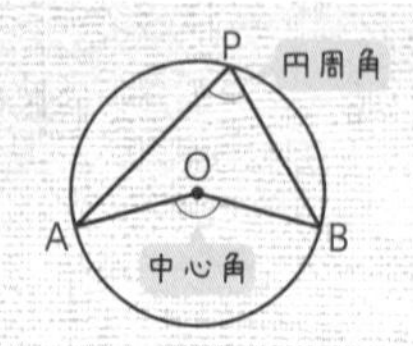

② 半円の弧と円周角★★★

ABが直径であるとき，**∠APB＝90°**

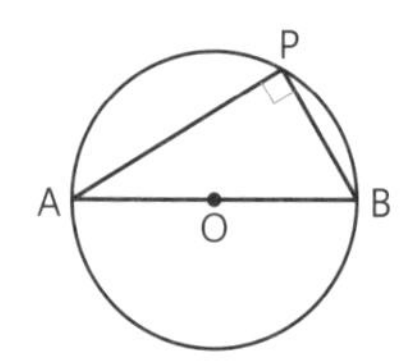

● 半円の弧に対する中心角は180°だから，半円の弧に対する円周角は**90°**である。

右上の図で，$\angle APB = \frac{1}{2}\angle AOB = \frac{1}{2} \times 180° = 90°$

円周角の定理を利用する問題では,「三角形の内角と外角の関係」や「二等辺三角形の性質」もよく使われる。

例題① 円周角の定理 ①

次の図の $\angle x$ の大きさを求めなさい。

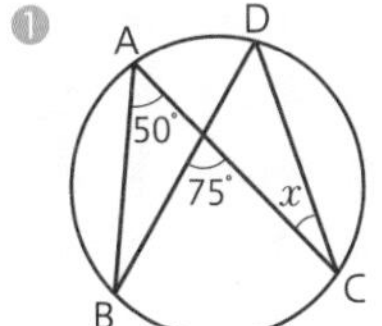

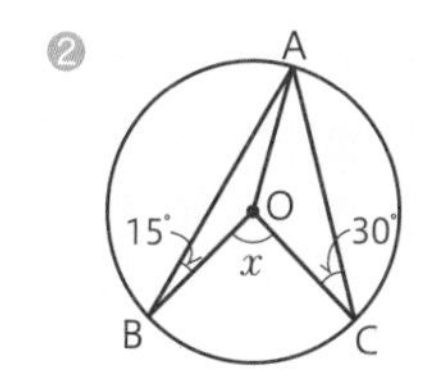

ポイント 円周角の定理と三角形の性質を利用する。

解き方と答え

❶ 円周角の定理より, $\angle BDC = \angle BAC = \mathbf{50°}$

三角形の内角と外角の関係より, $\angle x = \mathbf{75°} - 50° = 25°$

❷ $\triangle OAB$, $\triangle OAC$ は二等辺三角形だから,

$\angle BAC = \angle OAB + \angle OAC = 15° + 30° = 45°$

円周角の定理より, $\angle x = 45° \times \mathbf{2} = 90°$

例題② 円周角の定理 ②

右の図において, ACが円Oの直径であるとき, $\angle x$ の大きさを求めなさい。〔鳥取〕

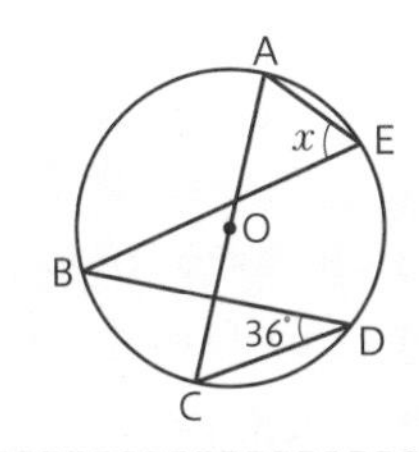

ポイント 補助線をひいて円周角の定理を利用する。

解き方と答え

CとEを結ぶと, 円周角の定理より, $\angle BEC = \mathbf{36°}$

$\angle AEC = \mathbf{90°}$ だから,

$\angle x = \mathbf{90°} - 36° = 54°$

月　日

52. 円周角 ②

3年

① 弧と円周角★★

1つの円において,

❶ $\overset{\frown}{AB}=\overset{\frown}{CD}$ ならば,

$\angle APB=\angle$**CQD**

❷ $\angle APB=\angle CQD$ ならば,

$\overset{\frown}{\mathbf{AB}}=\overset{\frown}{CD}$

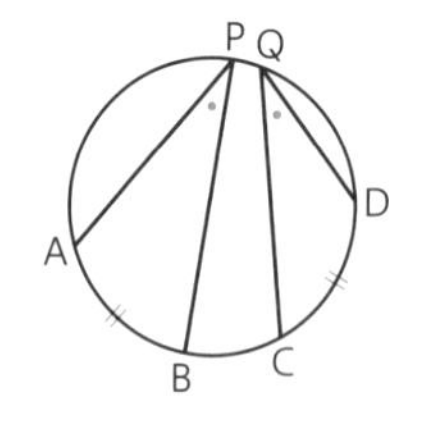

● 1つの円において,

① 等しい弧に対する円周角は等しい。

② 等しい円周角に対する弧の長さは等しい。

② 円周角の定理の逆★★

4点A, B, P, Qについて, P, Qが直線ABの同じ側にあって,

$\angle APB=\angle AQB$ ならば,

4点A, B, P, Qは1つの**円周**上にある。

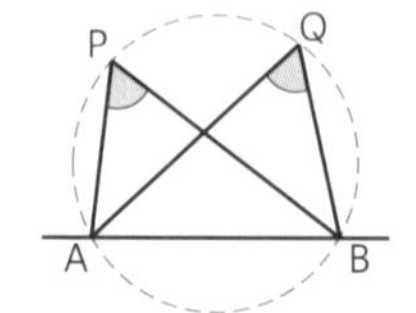

③ 円に内接(ないせつ)する四角形の性質★★

円に内接する四角形ABCDでは,

❶ $\angle BAD+\angle BCD=180°$

❷ $\angle$**BAD**$=\angle DCE$

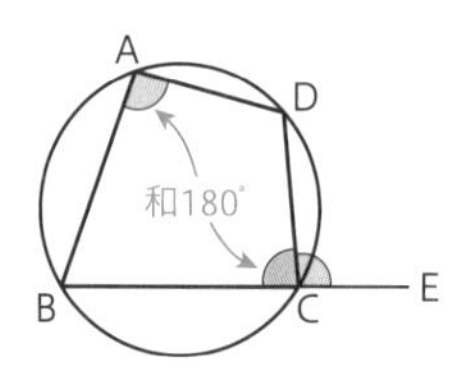

● 円に内接する四角形では,

① 対角の和は180°である。

② 外角は, それととなり合う内角の対角に等しい。

得点UP! 1つの円で，弧の長さは，その弧に対する円周角の大きさに比例する。

証明

例題① 弧と円周角

円周上に5点A，B，C，D，Eをとり，$\overset{\frown}{BC}=\overset{\frown}{DE}$ となるようにする。

弦ACと弦BEの交点をFとするとき，$\angle AFE=\angle ABD$ であることを証明しなさい。

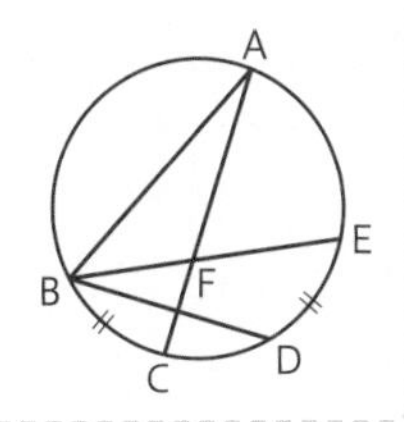

ポイント 等しい弧に対する円周角は等しいことを利用する。

解き方と答え

△ABFにおいて，三角形の内角と外角の関係より，

$\angle AFE=\angle ABF+\angle \mathbf{BAF}$ ……①

仮定より，$\overset{\frown}{BC}=\overset{\frown}{DE}$ だから，$\underline{\angle BAC}=\angle \mathbf{DBE}$ ……②

（$\angle BAC = \angle BAF$）

①，②より，$\angle AFE=\angle ABF+\angle \mathbf{DBE}=\angle ABD$

例題② 円周角の定理の逆

右の図において，AC，BDは四角形ABCDの対角線である。

$\angle x$ の大きさを求めなさい。 〔豊島岡女子学園高〕

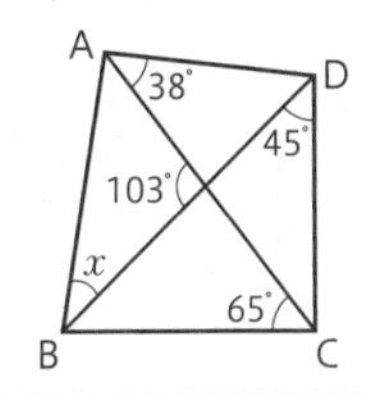

ポイント 円周角の定理の逆を利用する。

解き方と答え

対角線の交点をOとすると，△OBCにおいて，三角形の内角と外角の関係より，

$\angle CBO=103°-\mathbf{65°}=38°$

$\angle CAD=\underline{\angle \mathbf{CBD}}$ より，4点A，B，C，Dは1つの円周上にある。

（$\angle CBD = \angle CBO$）

$\angle x=\angle \mathbf{ACD}=180°-(\underline{103°}+\mathbf{45°})=32°$

（$103° = \angle COD$）

月　日

53. 円と相似

3年

① 円と相似 ①★★★

問 右の図のように，弦 AB と弦 CD の交点をPとするとき，△PAC∽△PDB であることを証明しなさい。

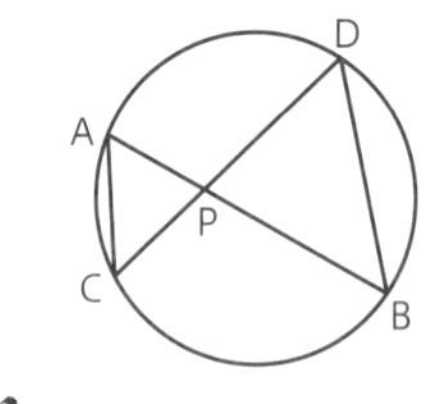

解 △PAC と △PDB において，$\overset{\frown}{BC}$ に対する円周角は等しいから，

∠PAC＝∠**PDB** ……①

対頂角は等しいから，

∠APC＝∠DPB ……②

①，②より，**2組の角**がそれぞれ等しいから，

△PAC∽△PDB

Check!

△PAC∽△PDB より，
PA:PC=PD:PB
比例式の性質より，
PA×PB=PC×PD
が成り立つ。このことを方(ほう)べきの定理という。

② 円と相似 ②★★★

問 右の図で，AD を直径とする円Oの周上に点 B，C がある。A から BC にひいた垂線を AH とするとき，△ABH∽△ADC であることを証明しなさい。

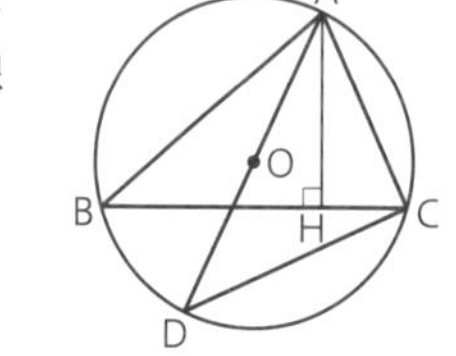

解 △ABH と △ADC において，

AD は**直径**だから，∠ACD＝90°

∠AHB＝90° だから，

∠AHB＝∠ACD ……①

$\overset{\frown}{AC}$ に対する円周角は等しいから，

∠ABH＝∠**ADC** ……②

①，②より，2組の角がそれぞれ等しいから，

△ABH∽△**ADC**

円や三角形でできた図形の相似を証明する問題では，まず円周角の定理を使って等しい角を見つけることを考えるとよい。

証明

例題① 円と相似

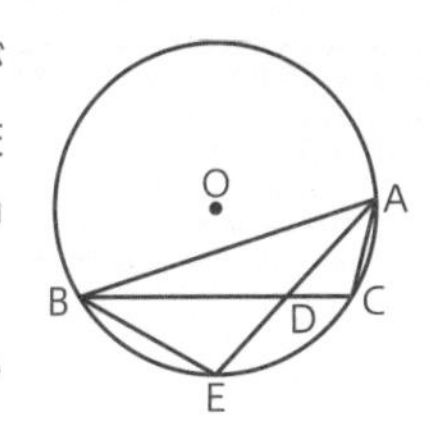

右の図のように，円Oの周上に点A，B，Cがある。∠BACの二等分線と線分BC，円Oとの交点をそれぞれD，Eとする。〔秋田〕

❶ △ABE∽△BDEとなることを証明しなさい。

❷ AB＝12 cm，BD＝8 cm，BE＝6 cm とするとき，線分ADの長さを求めなさい。

ポイント ❷ 相似な図形の性質を利用する。

解き方と答え

❶ △ABE と △BDE において，
共通な角だから，∠BEA＝∠**DEB** ……①
直線AEは∠BACの二等分線だから，
∠BAE＝∠EAC
$\overset{\frown}{EC}$に対する円周角は等しいから，
∠EAC＝∠**EBC**
よって，
∠BAE＝∠EBC だから，
∠BAE＝∠**DBE** ……②
①，②より，２組の角がそれぞれ等しいから，
△ABE∽△BDE

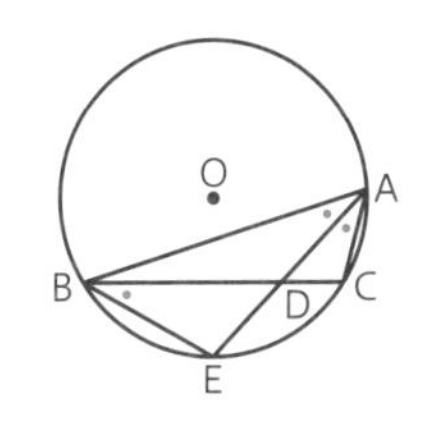

❷ ❶より，AB：**BD**＝BE：DE だから，
12：8＝6：DE
DE＝**4** (cm)
また，AE：BE＝**BE**：DE だから，
AE：6＝6：4
AE＝**9** (cm)
よって，AD＝AE－DE＝9－4＝5 (cm)

月　日

54. 円と接線

1年 3年

① 円と接線 ①★★

円の接線は，接点を通る半径に垂直である。

AB⊥OT

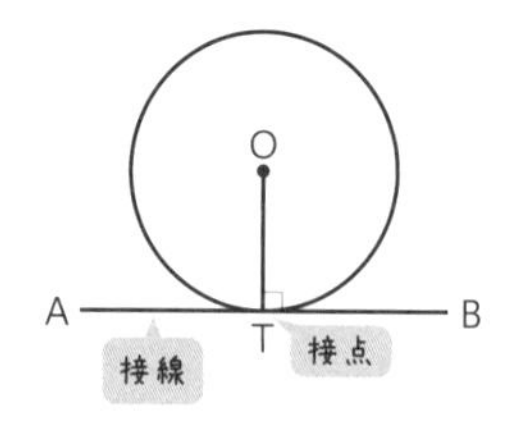

● 円と直線が1点だけを共有するとき，直線は円に**接する**といい，この直線を円の接線，円と直線が接する点を**接点**という。

② 円と接線 ②★

円外の1点から，その円にひいた2つの接線の長さは等しい。

AP＝**AP′**

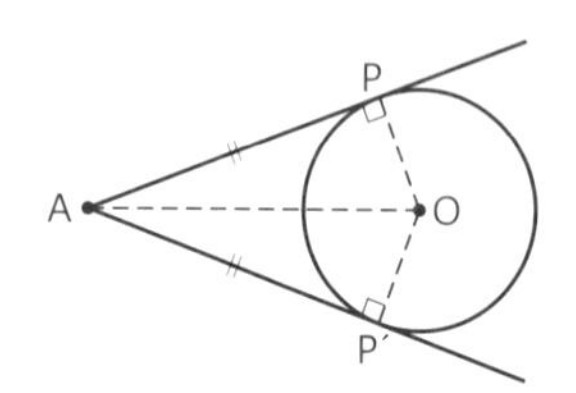

● 上の図のAPまたはAP′の長さを，点Aからひいた接線の長さという。

③ 接線と弦(げん)のつくる角（接弦(せつげん)定理）★★

BTがBを接点とする円Oの接線のとき，

∠CBT＝∠**BAC**

接弦定理

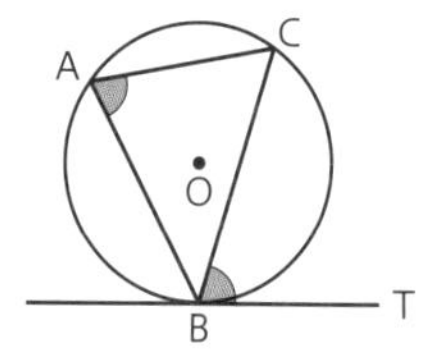

● 円の接線とその接点を通る弦のつくる角は，その角の内部にある弧に対する円周角に等しい。

得点UP! 円の接線があるときは，円の中心から接点に補助線をひいてみるとよい。

例題① 円と接線

右の図の PA，PB は円の接線で，A，B はそれぞれの接点である。$\angle x$ の大きさを求めなさい。

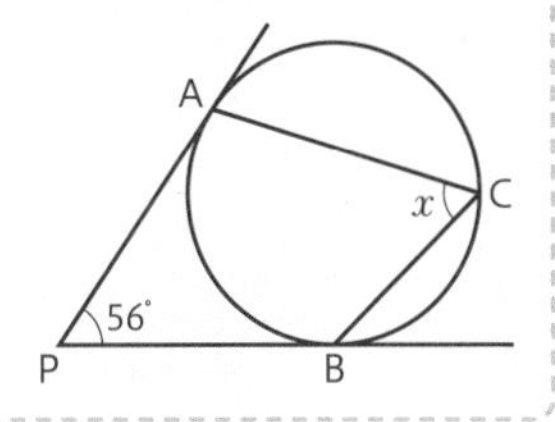

ポイント 補助線をひいて円の接線の性質を利用する。

解き方と答え

2 通りの解き方が考えられる。

① 中心Oと A，B をそれぞれ結ぶ。

$\angle OAP = \angle OBP = 90°$ だから，

$\angle AOB = 360° - (56° + 90° \times 2)$

$= 124°$

円周角の定理より，

$\angle x = \frac{1}{2} \times 124° = 62°$

② A と B を結ぶ。

PA = PB より，△PAB は二等辺三角形だから，

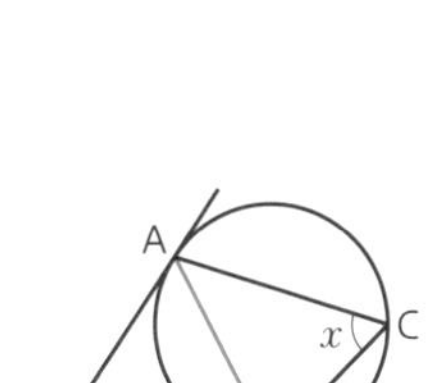

$\angle ABP = \frac{1}{2} \times (180° - 56°)$

$= 62°$

接弦定理より，$\angle x = \angle ABP = 62°$

入試で注意

接弦定理を用いるときは，等しくなる角をまちがえないように注意する。

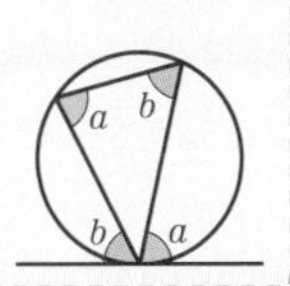

月　日

55. 三平方の定理 3年

① 三平方(さんへいほう)の定理★★★

△ABC において，∠C＝90° ならば，

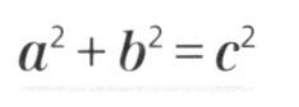
$$a^2+b^2=c^2$$

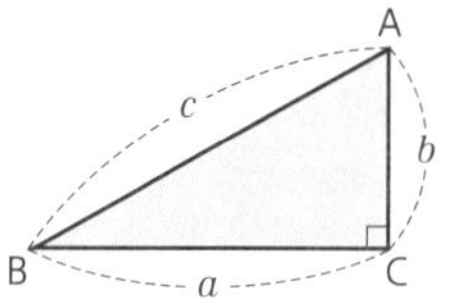

Check!
三平方の定理はピタゴラスの定理ともいう。

- 直角三角形の直角をはさむ 2 辺の長さを a, b, 斜辺の長さを c とすると，$a^2+b^2=c^2$ が成り立つ。**（三平方の定理）**
- 三角形の 3 辺の長さ a, b, c の間に $a^2+b^2=c^2$ が成り立てば，その三角形は長さ c の辺を斜辺とする直角三角形である。**（三平方の定理の逆）**

② 特別な直角三角形の 3 辺の比★★★

❶ 直角二等辺三角形

❷ 30°，60° の直角三角形

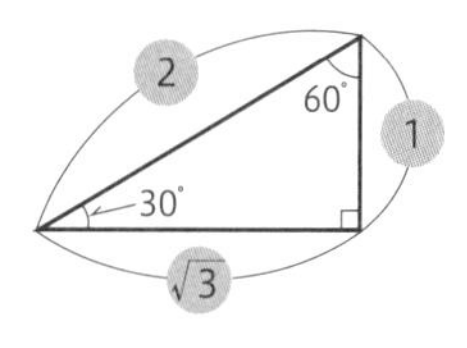

- 3 つの角が
  45°，45°，90° の直角二等辺三角形の 3 辺の比は $1:1:\sqrt{2}$，
  30°，60°，90° の直角三角形の 3 辺の比は $1:2:\sqrt{3}$ である。
- 3 辺の比が整数になる直角三角形には右のようなものがある。

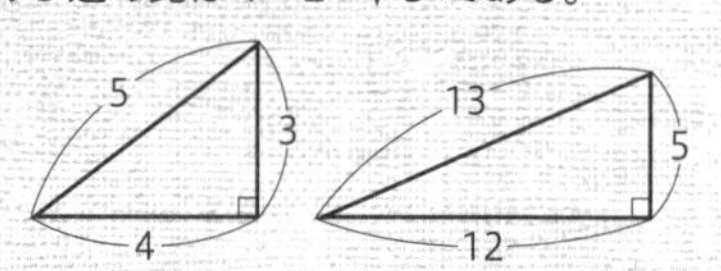

三平方の定理 $a^2+b^2=c^2$ より，$a=\sqrt{c^2-b^2}$，$b=\sqrt{c^2-a^2}$，$c=\sqrt{a^2+b^2}$ とすることができる。

例題 ① 三平方の定理

次の直角三角形で，x の値を求めなさい。

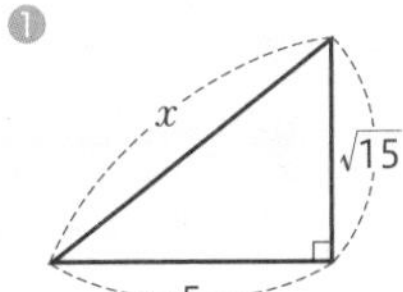

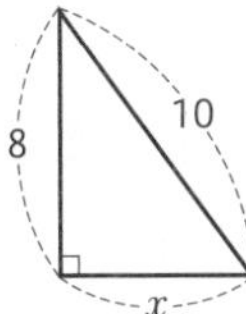

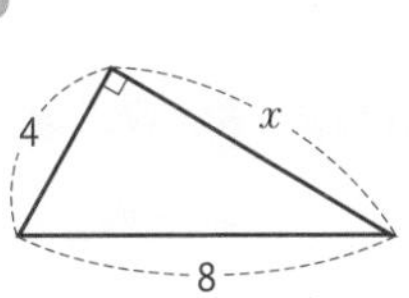

ポイント どの辺が斜辺になるか見きわめる。

解き方と答え

❶ $5^2+(\sqrt{15})^2=x^2$　$x^2=40$　$x>0$ だから，$x=2\sqrt{10}$
　↑辺の長さは正

❷ $x^2+8^2=10^2$　$x^2=36$　$x>0$ だから，$x=6$

❸ $x^2+4^2=8^2$　$x^2=48$　$x>0$ だから，$x=4\sqrt{3}$

例題 ② 特別な直角三角形の3辺の比

右の図で，AB，BC，ADの長さをそれぞれ求めなさい。

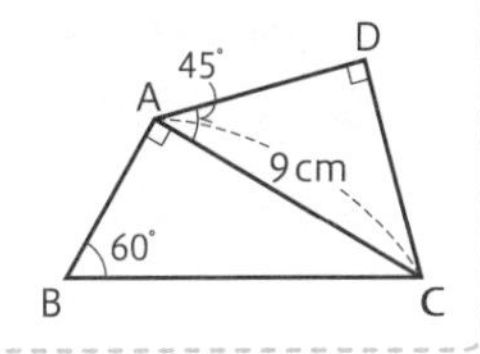

ポイント $1:1:\sqrt{2}$ と $1:2:\sqrt{3}$ の3辺の比を使う。

解き方と答え

AB：9＝1：$\sqrt{3}$ だから，$\mathrm{AB}=\dfrac{9}{\sqrt{3}}=\dfrac{9\sqrt{3}}{3}=3\sqrt{3}$ (cm)

BC：9＝2：$\sqrt{3}$ だから，$\mathrm{BC}=\dfrac{18}{\sqrt{3}}=\dfrac{18\sqrt{3}}{3}=6\sqrt{3}$ (cm)

AD：9＝1：$\sqrt{2}$ だから，$\mathrm{AD}=\dfrac{9}{\sqrt{2}}=\dfrac{9\sqrt{2}}{2}$ (cm)

答 AB…$3\sqrt{3}$ cm，BC…$6\sqrt{3}$ cm，AD…$\dfrac{9\sqrt{2}}{2}$ cm

月　日

56. 三平方の定理と平面図形 ① 3年

① 正三角形の高さと面積★★★

１辺の長さが a の正三角形の高さを h，面積を S とすると，

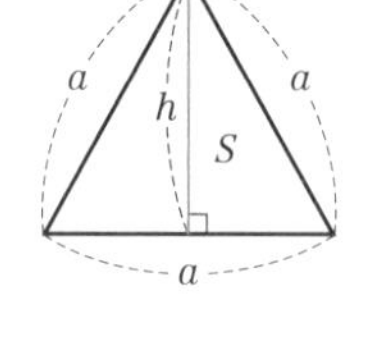

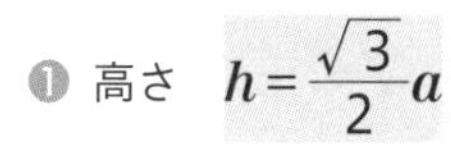

❶ 高さ　$h=\dfrac{\sqrt{3}}{2}a$

❷ 面積　$S=\dfrac{\sqrt{3}}{4}a^2$

● 正三角形の高さと面積は，30°，60° の角をもつ直角三角形の辺の比から求められる。

$a:h=2:\sqrt{3}$ より，$h=\dfrac{\sqrt{3}}{2}a$

$S=\dfrac{1}{2}\times a\times\dfrac{\sqrt{3}}{2}a=\dfrac{\sqrt{3}}{4}a^2$

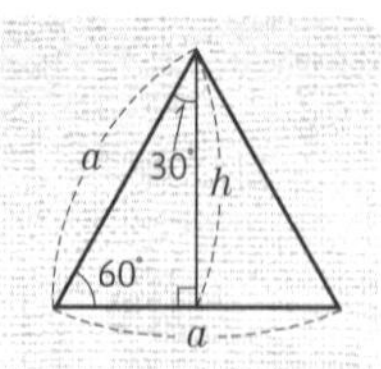

② 2点間の距離★★

2点 P$(a,\ b)$，Q$(c,\ d)$ 間の距離 ℓ は，

$$\ell=\sqrt{(a-c)^2+(b-d)^2}$$

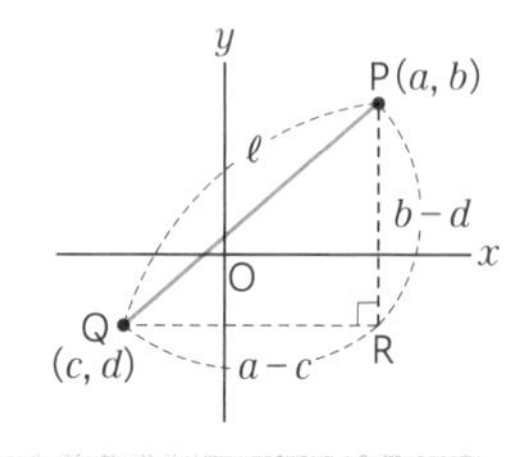

● 2点から x 軸，y 軸にそれぞれ平行な直線をひいて，直角三角形をつくり，三平方の定理を用いる。

例　2点 A (5, 3)，B (−1, −5) 間の距離は，

$\mathrm{AB}=\sqrt{\{5-(-1)\}^2+\{3-(-5)\}^2}$

$=\sqrt{6^2+8^2}=\sqrt{100}=10$

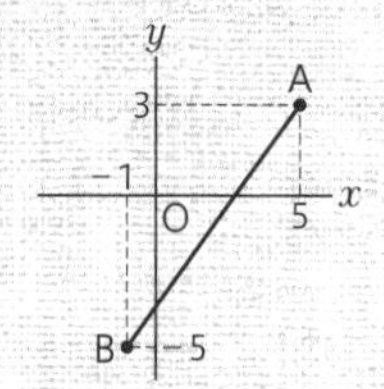

線分の長さを求めるとき，補助線をひいて直角三角形をつくることで，三平方の定理を利用できる。

例題① 三平方の定理の平面図形への利用

次の三角形の面積を求めなさい。

❶
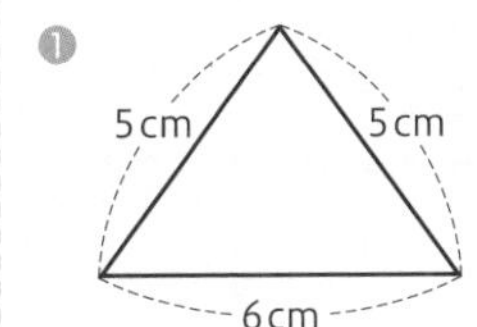

❷
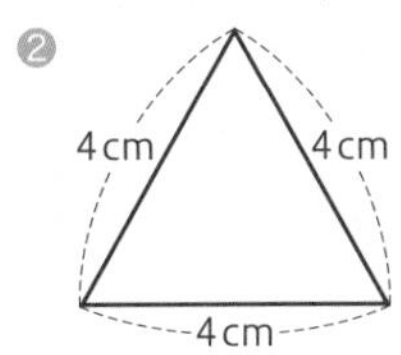

ポイント 三平方の定理を利用して，高さを求める。

解き方と答え

❶ 二等辺三角形の性質から，$x=\sqrt{5^2-3^2}=4$

面積は，$\frac{1}{2}\times6\times4=\mathbf{12}\ (\mathrm{cm}^2)$

❷ 正三角形の面積の公式より，

$\frac{\sqrt{3}}{4}\times4^2=4\sqrt{3}\ (\mathrm{cm}^2)$

例題② 2点間の距離

右の図は，関数 $y=2x^2$ のグラフである。このグラフ上に2点A，Bがあり，x 座標はそれぞれ -2，1である。線分ABの長さを求めなさい。

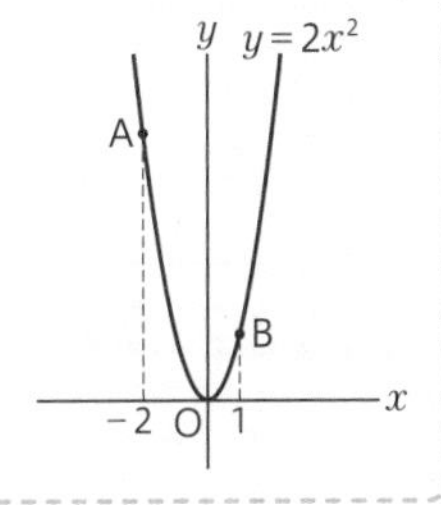

ポイント 2点の座標を求めて，三平方の定理を利用する。

解き方と答え

$y=2x^2$ に $x=-2$ を代入すると $y=8$ だから，A$(-2,\ 8)$

$y=2x^2$ に $x=1$ を代入すると $y=2$ だから，B$(1,\ 2)$

よって，$\mathrm{AB}=\sqrt{\{1-(-2)\}^2+(2-8)^2}=\sqrt{45}=3\sqrt{5}$

月　日

57. 三平方の定理と平面図形 ②　3年

① 円の弦の長さと接線の長さ★★

❶ 弦の長さ

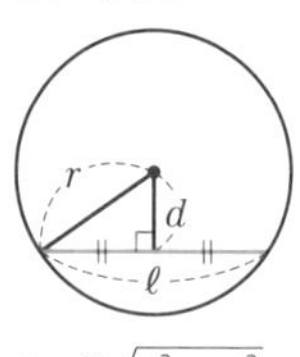

$\ell = 2\sqrt{r^2 - d^2}$

❷ 接線の長さ

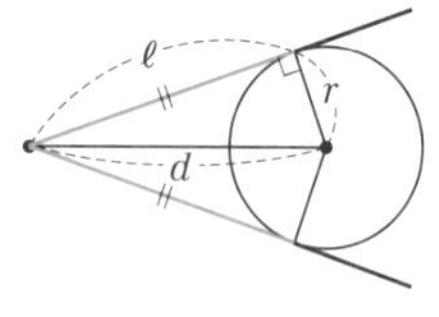

$\ell = \sqrt{d^2 - r^2}$

- 円の中心から弦にひいた垂線は弦を２等分する。
- 円の接線は接点を通る半径に垂直である。

② 図形の折り返し★★

問 右の図のように，長方形 ABCD の紙を EF を折り目として折り返したところ，頂点Aが頂点Cにちょうど重なった。このとき，線分 DE の長さを求めなさい。

6cm　A　E　D　4cm　B　F　C　G

解 下の図のように，DE = x cm とすると，

CE = AE = $\mathbf{6 - x}$ (cm)

△CDE は直角三角形だから，$x^2 + \mathbf{4}^2 = (6 - x)^2$　$12x = 20$

$x = \dfrac{5}{3}$

答 $\dfrac{5}{3}$ cm

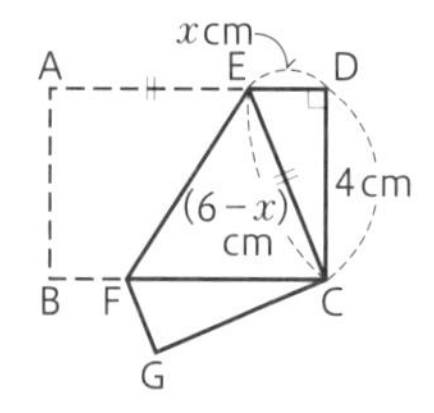

Check!
折り返された四角形 ABFE と四角形 CGFE は合同である。

得点UP! 図形の折り返しの問題は，折り返した部分の線分や角度が折り返す前と等しいことに着目する。

例題① 弦の長さ

右の図のように，半径 5 cm の円Oの周上に3点A，B，Cがあり，$\angle ACB = 60°$ である。このとき，弦ABの長さを求めなさい。

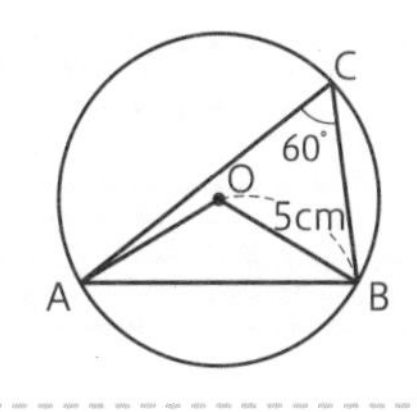

ポイント 点OからABに垂線をひいて直角三角形をつくる。

解き方と答え

$\angle AOB = 2 \times \angle ACB = \mathbf{120°}$ だから，点OからABに垂線OHをひくと，$\angle HOB = 120° \div 2 = 60°$

$OB : HB = 2 : \sqrt{3}$ だから，$HB = 5 \times \dfrac{\sqrt{3}}{2} = \dfrac{5\sqrt{3}}{2}$

$AB = 2HB = 2 \times \dfrac{5\sqrt{3}}{2} = 5\sqrt{3}$ (cm)

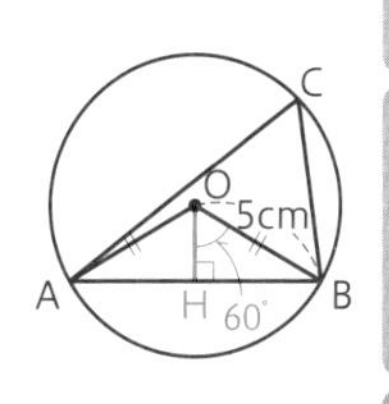

例題② 図形の折り返し

AB＝2，BC＝3 である長方形ABCDにおいて，対角線BDで折り曲げ，もとの長方形と重ね合わせたとき，頂点Cの移った点をEとし，辺AD，BEの交点をFとする。このとき線分EFの長さを求めなさい。〔久留米大附高〕

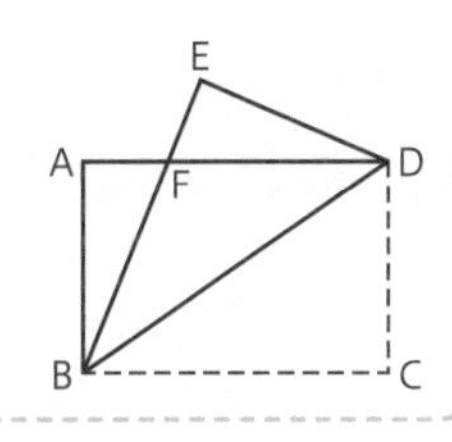

ポイント △FBDがどんな三角形になるのかを考える。

解き方と答え

右の図より，2角が等しいから △FBD は $FB = \mathbf{FD}$ の二等辺三角形になる。

$EF = x$ とすると，$FD = FB = \mathbf{3 - x}$

△DEF は直角三角形だから，

$x^2 + 2^2 = (3 - x)^2$ $6x = 5$ $x = \dfrac{5}{6}$

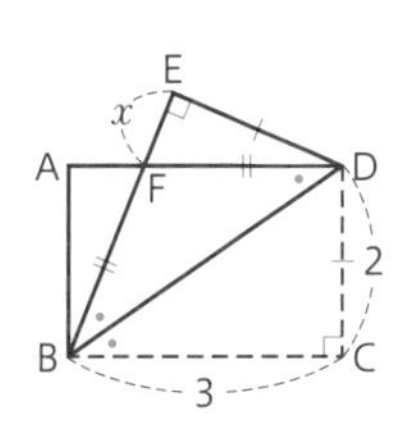

月　日

58. 三平方の定理と空間図形 3年

① 三平方の定理の空間図形への利用★★★

❶ 直方体の対角線の長さ

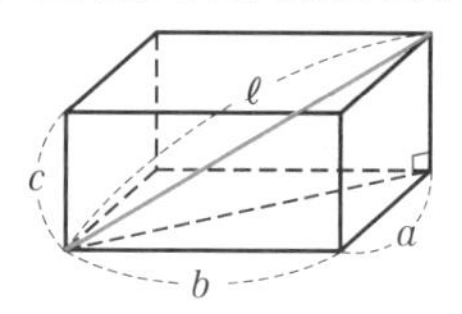

$\ell=\sqrt{a^2+b^2+c^2}$

❷ 立方体の対角線の長さ

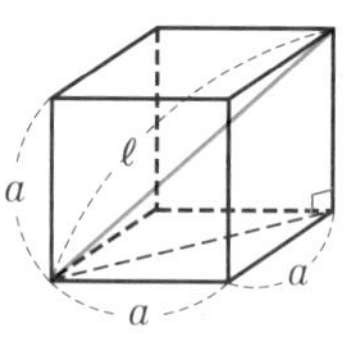

$\ell=\sqrt{3}a$

❸ 正四角錐（せいしかくすい）の高さ

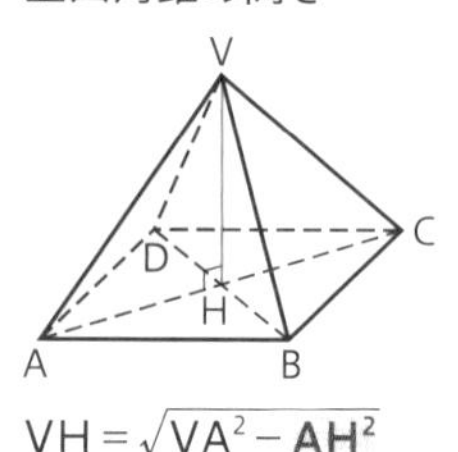

$VH=\sqrt{VA^2-AH^2}$

❹ 円錐の高さ

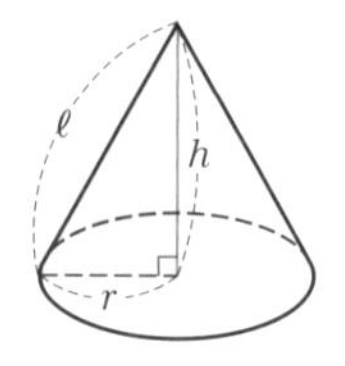

$h=\sqrt{\ell^2-r^2}$

② 最短の長さ★★

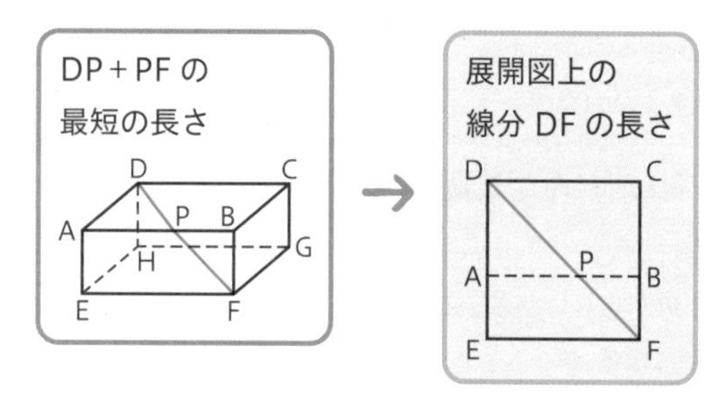

- 立体に巻きつけた糸が最短になるのは，展開図上で糸が直線になるときである。

空間図形の辺や線分の長さを求めるとき，空間図形の中にある直角三角形を見つければ，三平方の定理を利用できる。

例題① 正四角錐の高さ

底面が1辺6 cmの正方形，側面が1辺6 cmの正三角形である正四角錐 O-ABCD の高さと体積を求めなさい。

ポイント 底面の対角線の交点をHとすると，OHが高さになる。

解き方と答え

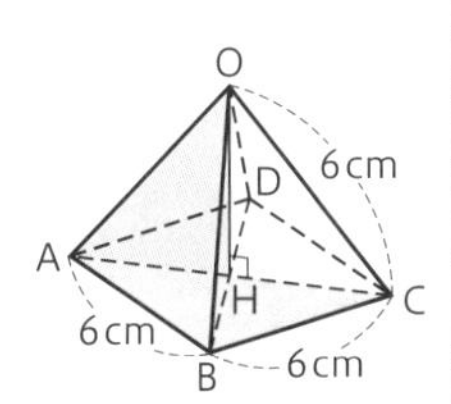

$\triangle ABC$ において，$AB : AC = 1 : \sqrt{2}$ だから，
（↑ 直角二等辺三角形）

$AC = \mathbf{6\sqrt{2}}$ (cm)

AC と BD の交点をHとすると，$AH = 3\sqrt{2}$ cm

$\triangle OAH$ は直角三角形だから，

$OH = \sqrt{6^2 - (3\sqrt{2})^2} = 3\sqrt{2}$ (cm)

よって，体積は，

$\frac{1}{3} \times 6^2 \times \mathbf{3\sqrt{2}} = 36\sqrt{2}$ (cm^3)　**答** 高さ…$3\sqrt{2}$ cm，体積…$36\sqrt{2}$ cm^3

例題② 最短の長さ

右の図のような直方体の面上に，点Aから辺CD上の点を通って点Gまで糸をかける。長さがもっとも短くなるときの糸の長さを求めなさい。

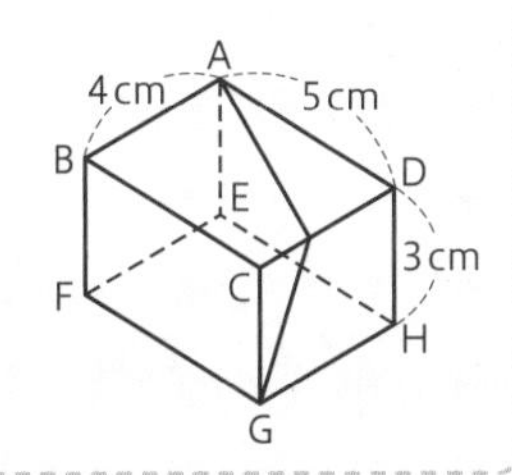

ポイント 必要な部分の展開図をかいて求める。

解き方と答え

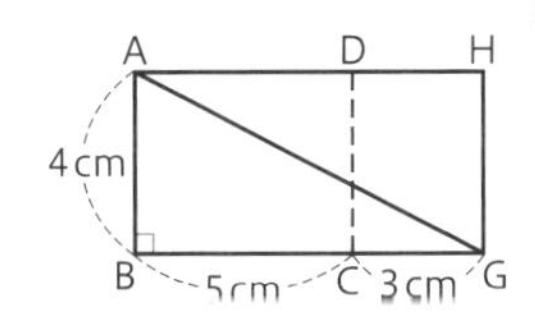

面 ABCD，面 CGHD を平面上に展開すると，糸の長さが最短になるときは右の図のようになる。$\triangle ABG$ は直角三角形だから，

$AG = \sqrt{4^2 + (5+3)^2} = \sqrt{16 + 64} = \mathbf{4\sqrt{5}}$ (cm)

月　日

59. データの整理 ①

1年

① 度数分布表★★★

階級

データを整理するための区間

階級の幅

区間の幅

右の表では，**5** kg

階級値

階級の真ん中の値

40 kg 以上 45 kg 未満の階級では，

42.5 kg

体重（kg） 以上　未満	度数（人）
35〜40	6
40〜45	12
45〜50	10
50〜55	8
55〜60	4
計	40

度数

階級に入るデータの個数

相対度数

$$\frac{\text{その階級の度数}}{\text{度数の合計}}$$

50 kg 以上 55 kg 未満の階級では，

$\frac{8}{40}=0.2$

● データをいくつかの階級に分け，階級に応じた度数を示して，資料のようすをわかりやすくした表を度数分布表という。

② ヒストグラム★★

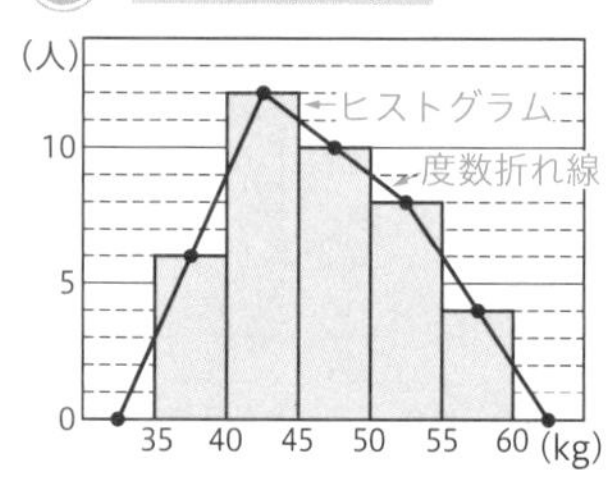

Check!

度数折れ線をかくとき，両端は度数 0 の階級があるものと考えて，線分を横軸までのばす。

● 上の柱状グラフは，①の度数分布表を表したものである。柱状グラフのことをヒストグラムともいう。

● ヒストグラムの各長方形の上の辺の中点を結んでできる折れ線グラフを**度数折れ線**または**度数分布多角形**という。

得点UP! 相対度数は，ある階級に属するデータの数が，全体のどれだけにあたるかを調べるときに利用する。相対度数の合計は1になる。

例題① 度数分布表

右の度数分布表は，ある中学校の男子生徒35人のハンドボール投げの結果を表したものである。

階級（m）	度数（人）
以上　未満 10～15	3
15～20	5
20～25	9
25～30	12
30～35	a
計	35

❶ 階級の幅は何mですか。

❷ 表のaにあてはまる数を求めなさい。

❸ 度数の最も多い階級の階級値を求めなさい。

❹ 20m以上25m未満の階級の相対度数を小数第3位を四捨五入して求めなさい。

❺ この度数分布表について，ヒストグラムと度数折れ線をかきなさい。

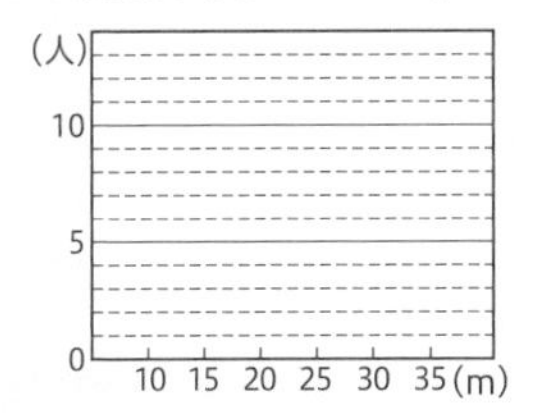

ポイント 度数分布表を正しくよみとる。

解き方と答え

❶ それぞれの階級は5mごとに区切ってあるから，
階級の幅は**5m**

❷ $a=\mathbf{35}-(3+5+9+12)=6$

❸ 度数の最も多い階級は**25m以上30m未満**の階級だから，

$\frac{25+30}{2}=\mathbf{27.5}$ (m)

❹ $\frac{\mathbf{9}}{35}=0.257\cdots$より，**0.26**

❺ 右の図のようになる。

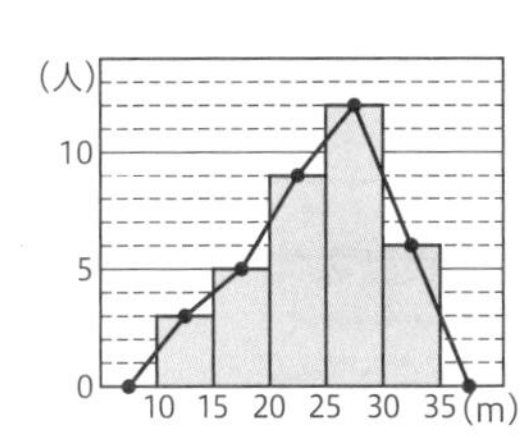

月　日

60. データの整理 ②

1年

① 代表値★★★

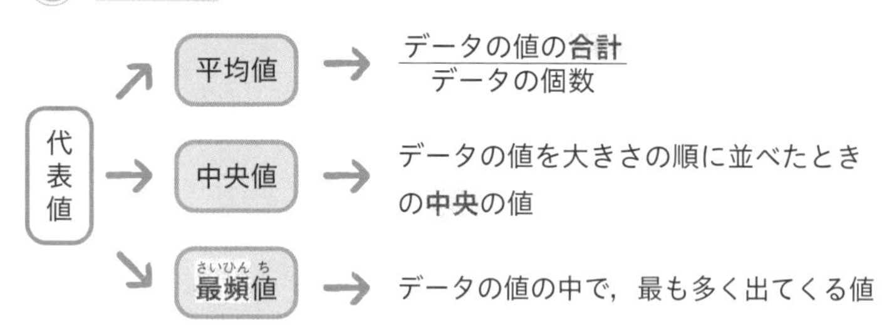

- 度数分布表から平均値を求めるとき，各階級に入っているデータの値は，すべてその階級の階級値に等しいものとみなす。

$$平均値 = \frac{(階級値 \times 度数)\ の合計}{度数の合計}$$

- 度数分布表から最頻値を求めるときは，度数が最も大きい階級の階級値を最頻値とする。
- データのとる値のうち，最大の値と最小の値の差を**範囲**（はんい）という。

範囲 = 最大値 − 最小値

② 累積度数と累積相対度数★★

体重（kg）	度数（人）	相対度数	累積度数（人）	累積相対度数
以上　未満				
35〜40	6	0.15	6	0.15
40〜45	12	0.3	18	**0.45**
45〜50	10	0.25	**28**	0.7
50〜55	8	0.2	36	0.9
55〜60	4	0.1	40	1
計	40	1		

累積度数 → 最初の階級からその階級までの度数の合計

累積相対度数 → 最初の階級からその階級までの相対度数の合計

度数分布表から平均値や最頻値を求めるときは，どのデータの値もその階級の階級値に等しいものとみなす。

例題① 代表値

右の図は，あるサッカーチームにおける試合の得点の記録をヒストグラムに表したものである。

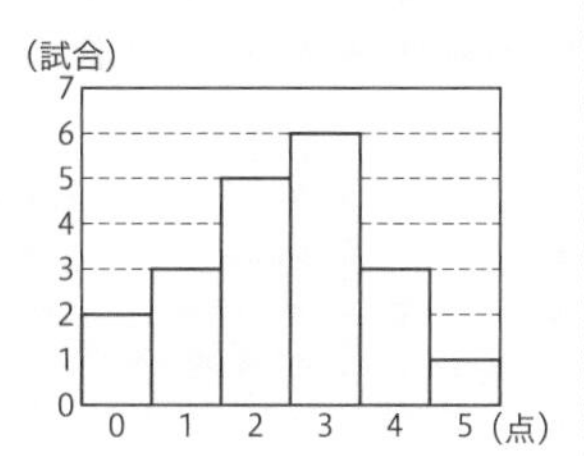

❶ 得点の分布の範囲を求めなさい。

❷ 平均値を求めなさい。

❸ 中央値を求めなさい。

ポイント ❸ 10番目と11番目の平均値を求める。

解き方と答え

❶ 得点の最大値は5点，最小値は0点だから，5－0＝5（点）

❷ 試合数は全部で，2＋3＋5＋6＋3＋1＝20（試合）

平均値は，(0×2＋1×3＋2×5＋3×6＋4×3＋5×1)÷20＝2.4（点）

❸ 低いほうから10番目の得点は2点，11番目の得点は3点だから，中央値は (2＋3)÷2＝2.5（点）

例題② 代表値と累積度数

右の度数分布表は，ある学年の生徒40人について，通学にかかる時間を調べたものである。

階級（分）	度数（人）
以上　未満 0〜10	10
10〜20	16
20〜30	8
30〜40	6
計	40

❶ 最頻値を求めなさい。

❷ 平均値を求めなさい。

❸ 20分以上30分未満の階級の累積度数と累積相対度数を求めなさい。

ポイント ❸ 累積度数を使って累積相対度数を求める。

解き方と答え

❶ 10分以上20分未満の階級の階級値は，(10＋20)÷2＝15（分）

❷ (5×10＋15×16＋25×8＋35×6)÷40＝17.5（分）

❸ 累積度数は，10＋16＋8＝34（人）

累積相対度数は，34÷40＝0.85

月　日

61. 確　率 ①

2年

① 確率の求め方★★★

どの場合が起こることも同様に確からしいとき，

$$\left(\text{ことがらAの起こる確率}\right)=\frac{(\text{ことがらAの起こる場合の数})}{(\text{起こりうるすべての場合の数})} \rightarrow p=\frac{a}{n}$$

（ことがらAの起こる確率 → p，ことがらAの起こる場合の数 → a 通り，起こりうるすべての場合の数 → n 通り）

- 起こりうるすべての結果のどれが起こることも同じ程度に期待できるとき，どの結果が起こることも**同様に確からしい**という。
- あることがらの起こる確率を p とすると，p のとりうる値の範囲は，$0 \leqq p \leqq 1$ となる。かならず起こることがらの確率は 1，決して起こらないことがらの確率は 0 である。

② 硬貨と確率★★★

問 3 枚の硬貨 A，B，C を同時に投げるとき，表が 1 枚，裏が 2 枚出る確率を求めなさい。

解 右の樹形図より，

起こりうるすべての場合の数は，

8 通り

表が 1 枚，裏が 2 枚出る場合の数は，

3 通り

よって，求める確率は，$\frac{3}{8}$

A	B	C	
表	表	表	
		裏	
	裏	表	
		裏	○
裏	表	表	
		裏	○
	裏	表	○
		裏	

- 起こりうるすべての場合の数を数えるときは，樹形図や表を利用するとよい。

確率を求めるときは，まず起こりうるすべての場合の数を数える。
そのときに，もれや重複がないように注意する。

例題① さいころと確率

大小2つのさいころを投げるとき，出た目の数の和が7になる確率を求めなさい。

ポイント 起こりうる場合の数を表を利用して求める。

解き方と答え

右の表より，すべての目の出方は，

$6\times6=36$（通り）

目の数の和が7になるのは□の部分だから，6通り。

よって，求める確率は，$\frac{6}{36}=\frac{1}{6}$

小＼大	1	2	3	4	5	6
1	2	3	4	5	6	7
2	3	4	5	6	7	8
3	4	5	6	7	8	9
4	5	6	7	8	9	10
5	6	7	8	9	10	11
6	7	8	9	10	11	12

例題② 硬貨と確率

50円硬貨，10円硬貨，5円硬貨がそれぞれ1枚ずつある。これらの3枚の硬貨を同時に投げるとき，表の出る硬貨の合計金額が10円以上50円以下になる確率を求めなさい。

ポイント 3枚の硬貨を区別して樹形図を利用する。

解き方と答え

下の樹形図より，起こりうるすべての場合の数は，8通り。

10円以上50円以下になる場合の数は，3通り。

よって，求める確率は，$\frac{3}{8}$

50円　10円　5円

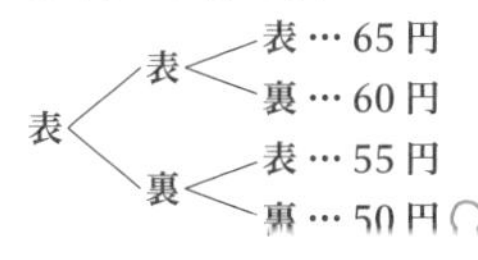

50円　10円　5円

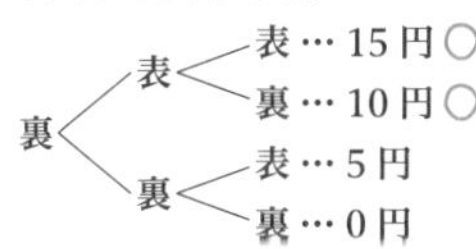

月　日

62. 確率②

2年

① 玉の取り出しと確率★★

問　袋の中に，赤玉2個，白玉2個が入っている。同時に2個の玉を取り出すとき，2個とも白玉である確率を求めなさい。

解　赤玉を$赤_1$，$赤_2$，白玉を$白_1$，$白_2$とすると，玉の取り出し方は次のようになる。

$\{赤_1, 赤_2\}$，$\{赤_1, 白_1\}$，$\{赤_1, 白_2\}$

$\{赤_2, 白_1\}$，$\{赤_2, 白_2\}$

$\underline{\{白_1, 白_2\}}$

起こりうる場合の数は全部で6通り

2個とも白玉である場合の数は，下線をひいた1通り

よって，求める確率は，$\dfrac{1}{6}$

② 起こらない確率★★

ことがらAの起こる確率をpとすると，

Aの起こらない確率＝$1-p$

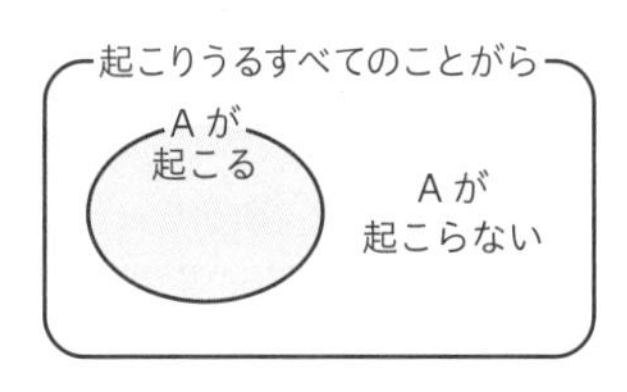

例　さいころを1回投げるとき，

(3の目が出る確率)＋(<u>3の目が出ない確率</u>)＝$\dfrac{1}{6}+\dfrac{5}{6}=1$　だから，

└ 1, 2, 4, 5, 6の目が出る確率

(3の目が出ない確率)＝1－(3の目が出る確率)

色のついた玉を取り出す問題では，同じ色の玉も区別して考えなければいけない。

例題① 玉の取り出しと確率

袋の中に白玉が1個，赤玉が2個，青玉が2個入っている。この袋から玉を同時に2個取り出すとき，少なくとも1個赤玉がふくまれる確率を求めなさい。

〔江戸川学園取手高-改〕

ポイント まず，赤玉がふくまれない確率を求める。

解き方と答え

取り出し方は全部で，

{白，$赤_1$}，{白，$赤_2$}，{白，$青_1$}，{白，$青_2$}，{$赤_1$，$赤_2$}，{$赤_1$，$青_1$}，{$赤_1$，$青_2$}，{$赤_2$，$青_1$}，{$赤_2$，$青_2$}，{$青_1$，$青_2$}

の10通り。

そのうち赤玉以外の2個を取り出す場合の数は，下線をひいた3通り。

よって，求める確率は，$1-\frac{3}{10}=\frac{7}{10}$

↑ 1個も赤玉がふくまれない確率

例題② カードの取り出しと確率

1，2，3，4の数が1つずつ書かれた4枚のカードがある。この4枚のカードをよくきって，1枚ずつ続けて2枚取り出し，取り出した順に1列に並べて2けたの整数をつくる。できた2けたの整数が3の倍数になる確率を求めなさい。

ポイント 各位の数の和が3の倍数になるとき，その整数は3の倍数である。

解き方と答え

下の樹形図より，取り出し方は全部で，$3\times4=12$（通り）

3の倍数になるのは○をつけた4通りだから，求める確率は，$\frac{4}{12}=\frac{1}{3}$

1 — 2 ○, 3, 4
2 — 1 ○, 3, 4 ○
3 — 1, 2, 4
4 — 1, 2 ○, 3

月　日

63. 箱ひげ図と標本調査 2年 3年

① 四分位数と箱ひげ図★★

データを小さい順に並べたとき，

① **第1四分位数** → 前半部分の中央値
② **第2四分位数**（中央値）→ データ全体の**中央値**
③ **第3四分位数** → 後半部分の中央値

箱ひげ図

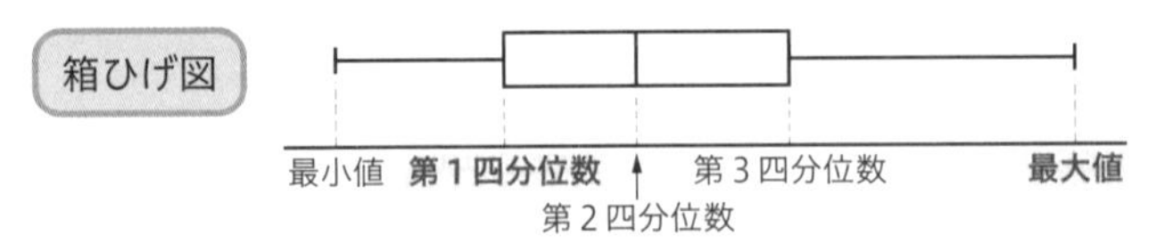

- データを小さい順に並べたとき，4等分する位置の値を**四分位数**といい，小さいほうから**第1四分位数**，第2四分位数，**第3四分位数**という。
- **四分位範囲**＝第3四分位数－**第1四分位数**

② 標本調査★★

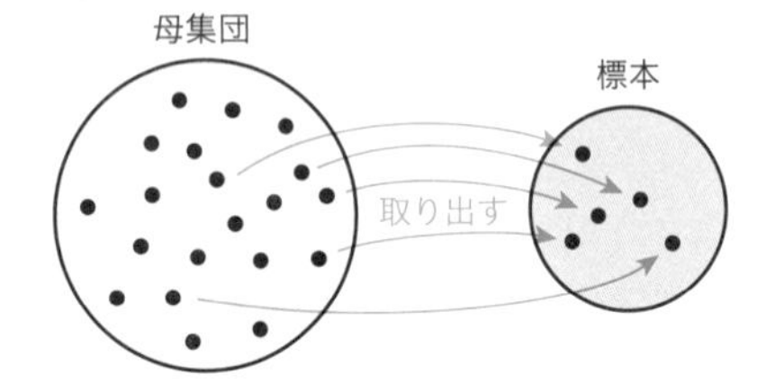

集団（母集団）の中から一部を取り出して調べ，その結果から集団全体の性質を推定する方法

- 標本調査をするとき，調べようとする集団全体を**母集団**という。これに対して，母集団から取り出した一部を標本という。
- 調査の対象となる母集団のすべてをもれなく調べる方法を**全数調査**という。全数調査をすると多くの時間や費用がかかるときや，調査によって商品をこわすおそれがあるときは，標本調査が行われる。

標本調査は標本の性質から母集団の性質を推定することが目的だから，母集団の中から標本を無作為に抽出しなければならない。

例題① 四分位数と箱ひげ図

次の10個のデータを箱ひげ図に表すと，下の図のようになった。a～cにあてはまる数を答えなさい。

76，90，58，64，70，84，92，86，62，64

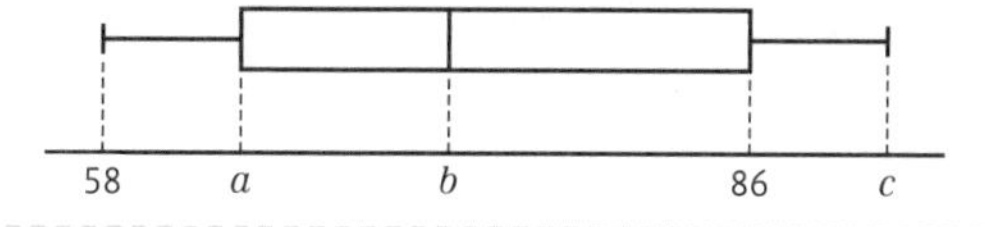

ポイント データを小さい順に並べて考える。

解き方と答え

小さい順に並べると，58，62，64，**64**，70，76，84，86，**90**，92

第1四分位数は前半の5個のデータの中央値だから，$a=\mathbf{64}$

第2四分位数は5番目と6番目の平均値だから，$b=(70+76)\div2=\mathbf{73}$

最大値だから，$c=\mathbf{92}$

例題② 母集団の比率の推定

袋の中に白玉だけがたくさん入っている。その数を数える代わりに，同じ大きさの赤玉40個を白玉の入っている袋の中に入れ，よくかき混ぜた後，その中から20個の玉を無作為に取り出して調べたら，赤玉4個がふくまれていた。袋の中の白玉の個数は，およそ何個と推定できますか。

ポイント 標本の比率は，母集団の比率にほぼ等しい。

解き方と答え

標本の比率は，母集団の比率にほぼ等しいから，かき混ぜた後の玉の総数は，

↑ 20個の中に赤玉が4個ある

$40\times\frac{20}{4}=200$（個）

この中には，後から入れた赤玉40個がふくまれているから，白玉は

$200-40=\mathbf{160}$（個）　　**答** およそ**160**個

入試直前チェック

1. 数と式・方程式

覚えたら✓をつけよう

□ ① 計算法則 ★★★

❶ 計算の順序

累乗・**かっこ**の中 → 乗法・除法 → 加法・**減法**

❷ 分配法則

$a(b+c)=ab+\boldsymbol{ac}$　　$(a+b)\times c=\boldsymbol{ac}+bc$

❸ 指数法則

$a^m\times a^n=\boldsymbol{a^{m+n}}$　　$(a^m)^n=a^{m\times n}$　　$(ab)^n=\boldsymbol{a^nb^n}$

分配法則はかっこをはずすときに使えるね！

□ ② 整数の表し方 ★★

m, nを整数とすると，

❶ 偶数 → $2m$

奇数 → $\boldsymbol{2n+1}$ または $2n-1$

❷ 連続する整数

→ ……, $n-2$, $\boldsymbol{n-1}$, n, $n+1$, $n+2$, ……

❸ 十の位の数がa，一の位の数がbの2けたの自然数

→ $\boldsymbol{10a+b}$

□ ③ 乗法公式と因数分解 ★★★

❶ $(x+a)(x+b)$ $\underset{\text{因数分解}}{\overset{\text{展開}}{\rightleftarrows}}$ $x^2+(a+b)x+\boldsymbol{ab}$

❷ $(x+a)^2 \rightleftarrows x^2+\boldsymbol{2ax}+a^2$

❸ $(x-a)^2 \rightleftarrows \boldsymbol{x^2}-2ax+a^2$

❹ $(x+a)(x-a) \rightleftarrows \boldsymbol{x^2-a^2}$

公式をスムーズに使えるようにしておこう！

④ 根号をふくむ式の計算 ★★★

❶ $\sqrt{a}\times\sqrt{b}=\sqrt{ab}$

❷ $\sqrt{a}\div\sqrt{b}=\sqrt{\frac{a}{b}}$

❸ $a\sqrt{b} \rightleftarrows \sqrt{a^2b}$

❹ $\frac{\sqrt{a}}{\sqrt{b}}=\frac{\sqrt{a}\times\sqrt{b}}{\sqrt{b}\times\sqrt{b}}=\frac{\sqrt{ab}}{b}$

❺ $m\sqrt{a}+n\sqrt{a}=(m+n)\sqrt{a}$

❻ $m\sqrt{a}-n\sqrt{a}=(m-n)\sqrt{a}$

⑤ 比例式 ★★

$a:b=c:d$ ならば，$ad=bc$

外項の積と内項の積は等しい。

⑥ 2次方程式 ★★★

❶ 平方根の考えを使った解き方

$x^2=a \rightarrow x=\pm\sqrt{a}$　　$(x+a)^2=b \rightarrow x=-a\pm\sqrt{b}$

❷ 因数分解による解き方

$x(x-a)=0 \rightarrow x=0,\ x=a$

$(x-a)(x-b)=0 \rightarrow x=a,\ x=b$

$(x-a)^2=0 \rightarrow x=a$

❸ 解の公式による解き方

$ax^2+bx+c=0 \rightarrow x=\frac{-b\pm\sqrt{b^2-4ac}}{2a}$

⑦ よく使われる数量の公式 ★★

❶ 代金＝単価×個数　❷ 速さ＝$\frac{\text{道のり}}{\text{時間}}$　❸ 平均＝$\frac{\text{合計}}{\text{個数}}$

❹ a g の x % 増 → $a\left(1+\frac{x}{100}\right)$g　　a g の x % 減 → $a\left(1-\frac{x}{100}\right)$g

❺ 食塩の重さ＝食塩水の重さ×$\frac{\text{食塩水の濃度（\%）}}{100}$

入試直前チェック

2. 関　数

□ ① 比　例 ★★

比例を表す $y=ax$ のグラフは原点を通る直線である。

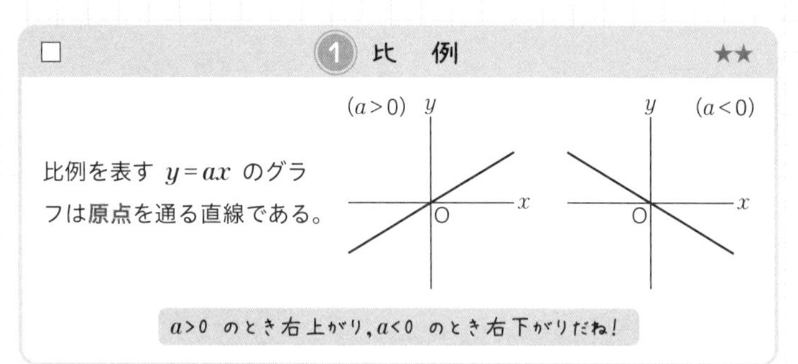

a>0 のとき右上がり，a<0 のとき右下がりだね！

□ ② 反比例 ★★

反比例を表す $y=\dfrac{a}{x}$ のグラフは双曲線とよばれる２つのなめらかな曲線である。

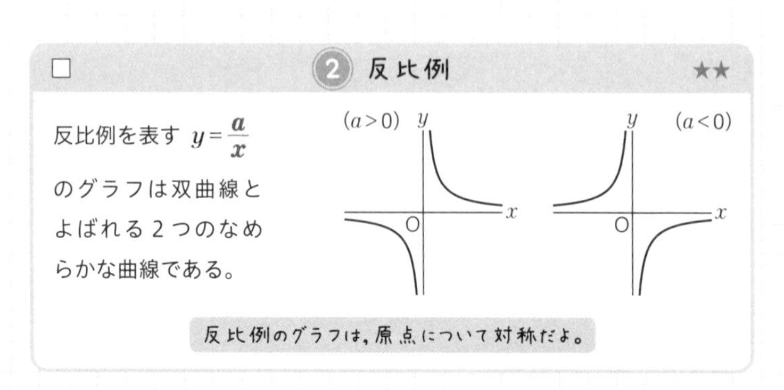

反比例のグラフは，原点について対称だよ。

□ ③ １次関数 ★★★

❶ １次関数 $y=ax+b$ のグラフは，傾きが a，切片が b の直線である。

❷ １次関数 $y=ax+b$ の変化の割合は一定で a に等しい。

$$\text{変化の割合}=\frac{y\text{の増加量}}{x\text{の増加量}}=a$$

❸ 平行な２直線の傾きは等しい。

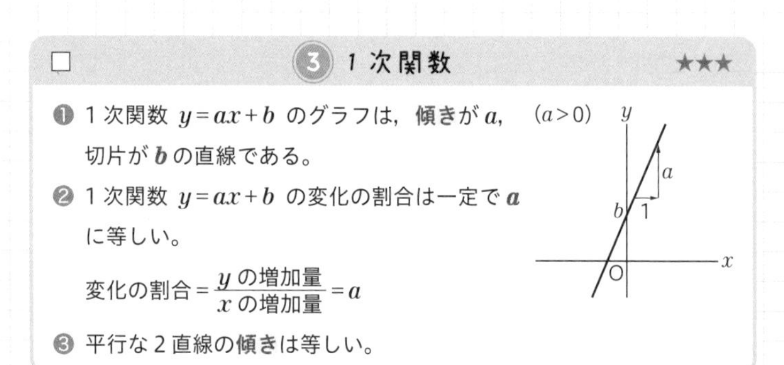

□ ④ 1次関数と方程式 ★★★

❶ $x=k$ のグラフは，点 $(k,\ 0)$ を通る y 軸に**平行**な直線である。

❷ $y=\ell$ のグラフは，点 $(0,\ \ell)$ を通る $\boldsymbol{x}$ **軸**に平行な直線である。

❸ 2直線 $y=ax+b$，$y=cx+d$ の交点の座標の求め方

→ 連立方程式 $\begin{cases} y=\boldsymbol{ax+b} \\ y=cx+d \end{cases}$ を解く。

□ ⑤ 関数 $y=ax^2$ ★★★

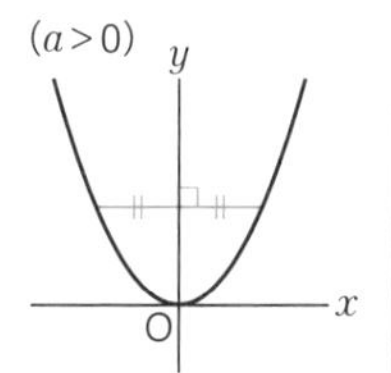

❶ 関数 $y=ax^2$ のグラフは，**原点**を通る放物線で，y 軸について対称である。

❷ 関数 $y=ax^2$ の変化の割合は一定ではない。x の値が p から q まで増加するときの変化の割合は，$a(\boldsymbol{p+q})$

□ ⑥ 放物線と直線 ★★★

❶ 放物線 $y=ax^2$ と直線 $y=bx+c$ の交点の座標の求め方

→ 連立方程式 $\begin{cases} y=ax^2 \\ y=\boldsymbol{bx+c} \end{cases}$ を解く。

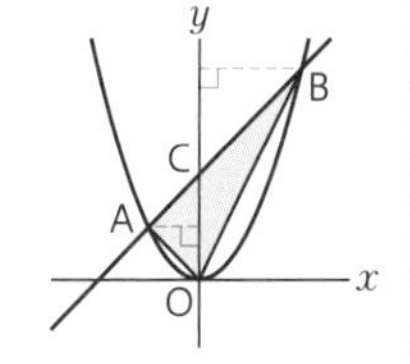

❷ 右の図で，

△OAB＝△**OAC**＋△OBC

□ ⑦ 三角形の2等分 ★★

❶ 右の図で，Mが線分ABの**中点**ならば，直線OMは△OABの面積を2等分する。

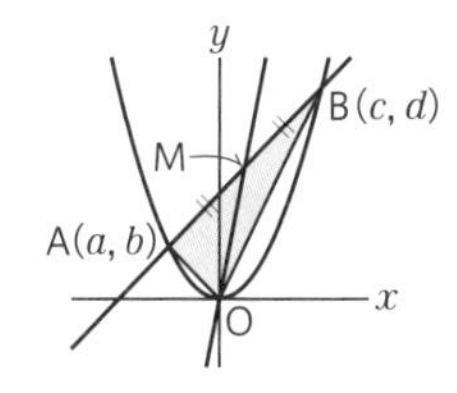

❷ 中点Mの座標は，

$\left(\dfrac{\boldsymbol{a+c}}{\boldsymbol{2}},\ \dfrac{b+d}{2}\right)$

入試直前チェック

3. 図　形 ①

☐ 1 基本の作図 ★★★

❶ 線分の垂直二等分線　❷ 角の二等分線　❸ 点を通る垂線

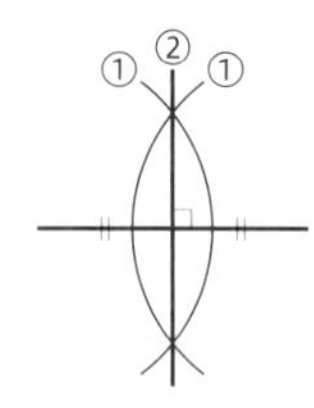

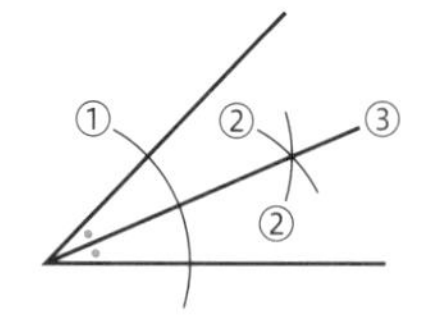

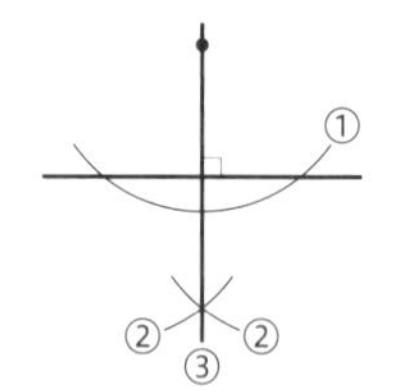

☐ 2 おうぎ形の弧の長さと面積 ★★

❶ 弧の長さ $\ell = 2\pi r \times \frac{a}{360}$

❷ 面積 $S = \pi r^2 \times \frac{a}{360}$ または $S = \frac{1}{2}\ell r$

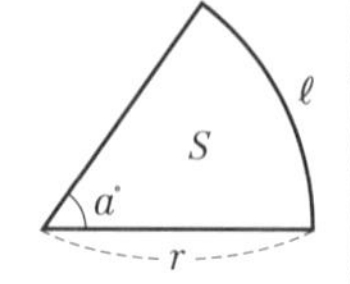

おうぎ形の面積は弧の長さと半径から求めることもできるね！

☐ 3 立体の表面積・体積 ★★★

❶ 角柱・円柱

表面積＝**側面積**＋底面積×2　　体積＝底面積×**高さ**

❷ 角錐・円錐

表面積＝側面積＋**底面積**　　体積＝$\frac{1}{3}$×底面積×高さ

❸ 球

半径 r の球の表面積を S，体積を V とすると，

$S = 4\pi r^2$　　$V = \frac{4}{3}\pi r^3$

□ ④ 平行線と角 ★★★

❶ 対頂角は等しい。

$\angle a = \angle c$, $\angle b = \angle d$

❷ $\ell /\!/ m$ ならば,

$\angle a = \angle c$ （同位角が等しい）

$\angle b = \angle c$ （錯角が等しい）

逆に同位角や錯角が等しければ2直線は平行といえるよ！

□ 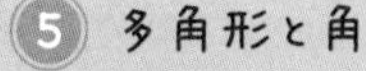
⑤ 多角形と角 ★★★

❶ 三角形の内角と外角の性質

$\angle a + \angle b + \angle c = 180°$ （内角の和）

$\angle a + \angle b = \angle d$ （内角と外角の関係）

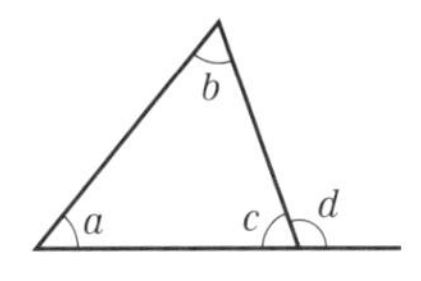

❷ n 角形の内角の和は, $180° \times (n - 2)$

多角形の外角の和は 360°

□ ⑥ 三角形の合同条件 ★★★

❶ 3組の辺がそれぞれ等しい。

❷ 2組の辺とその間の角がそれぞれ等しい。

❸ 1組の辺とその両端の角がそれぞれ等しい。

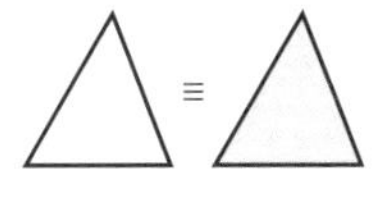

□ ⑦ 直角三角形の合同条件 ★★

❶ 直角三角形の斜辺と1つの鋭角がそれぞれ等しい。

❷ 直角三角形の斜辺と他の1辺がそれぞれ等しい。

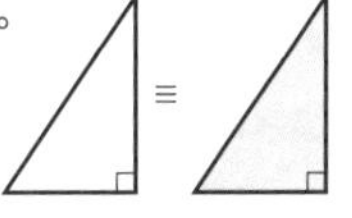

直角三角形の合同条件を使うときは，直角があることを必ず示そう！

入試直前チェック

4. 図 形 ②

☐ ① 二等辺三角形 ★★★

（定義） 2辺が等しい三角形

（性質） ❶ 2つの**底角**は等しい。

❷ 頂角の二等分線は底辺を**垂直**に2等分する。

2辺が等しいのは二等辺三角形，3辺が等しいのは正三角形だね！

☐ ② 平行四辺形 ★★★

（定義） 2組の**対辺**がそれぞれ平行である四角形

（性質） ❶ **2組**の対辺はそれぞれ等しい。

❷ 2組の**対角**はそれぞれ等しい。

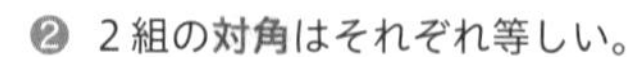

❸ 対角線はそれぞれの**中点**で交わる。

逆に，定義と性質と「1組の対辺が平行でその長さが等しい」のうち，どれか1つでも成り立つ四角形は平行四辺形だよ。

☐ ③ 平行線と面積 ★★

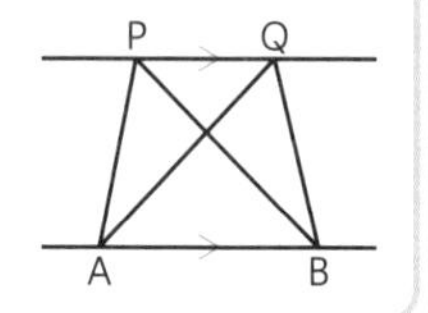

底辺が共通で高さの等しい三角形の面積は等しい。

PQ//AB ならば，△PAB＝△**QAB**

☐ ④ 高さが等しい三角形の面積の比 ★★

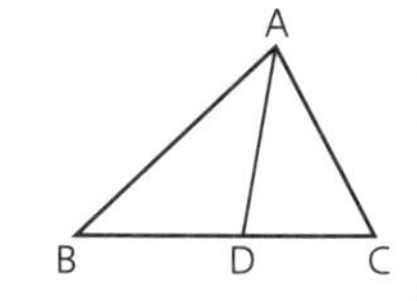

高さが等しい三角形の面積の比は，**底辺の長さ**の比に等しい。

△ABD：△ACD＝**BD**：**CD**

□ ⑤ 三角形の相似条件 ★★★

❶ 3組の**辺の比**がすべて等しい。

❷ 2組の辺の比とその間の角がそれぞれ等しい。

❸ 2組の**角**がそれぞれ等しい。

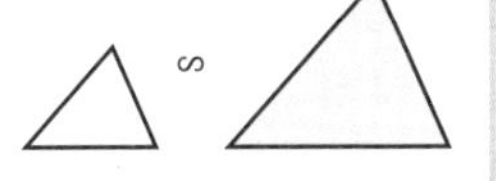

□ ⑥ 三角形と線分の比 ★★★

右の図で，PQ//BC ならば，

❶ AP：AB＝**AQ**：AC

＝PQ：**BC**

❷ AP：**PB**＝AQ：QC

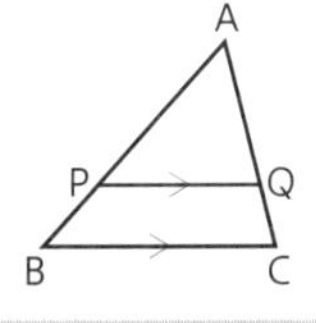

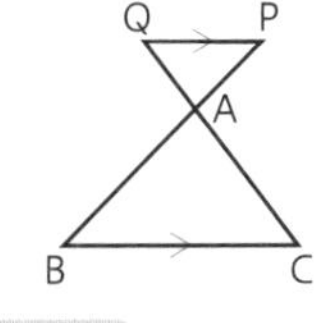

点P，Qが辺BA，CAの延長上にあっても成り立つよ。

□ ⑦ 中点連結定理 

右の図で，点P，Qがそれぞれ辺AB，ACの中点ならば，

❶ **PQ**//BC

❷ PQ＝$\frac{1}{2}$**BC**

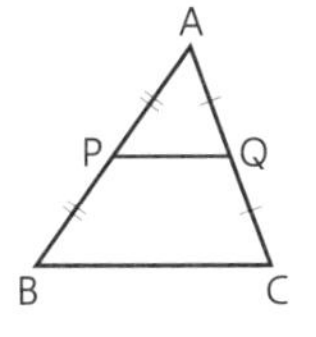

□ ⑧ 相似な図形の面積比と体積比 ★★

❶ 相似な平面図形の相似比が a：b ならば，

面積比は $\boldsymbol{a^2}$：$\boldsymbol{b^2}$

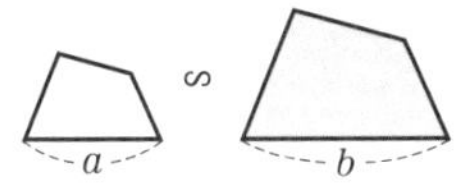

❷ 相似な立体の相似比が a：b ならば，

表面積比は $\boldsymbol{a^2}$：$\boldsymbol{b^2}$　　体積比は $\boldsymbol{a^3}$：$\boldsymbol{b^3}$

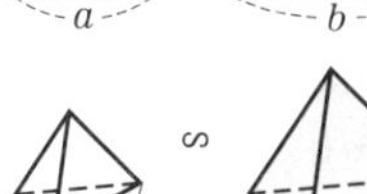

入試直前チェック

5. 図　形 ③

□ 1 円周角の定理　★★★

❶ $\angle APB = \angle \mathbf{AQB}$

$\angle APB = \frac{1}{2}\angle \mathbf{AOB}$

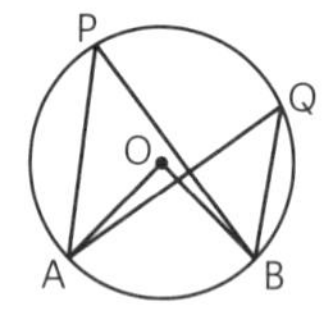

❷ 弧 AB が**半円**の弧ならば，

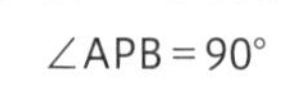

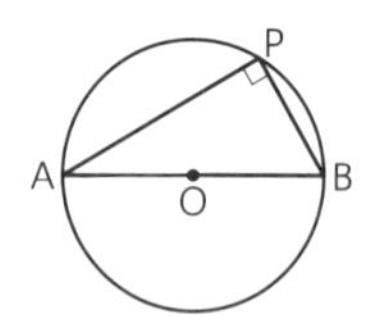

□ 2 弧と円周角　★★

1つの円において，

❶ $\overset{\frown}{AB} = \overset{\frown}{CD}$ ならば，$\angle APB = \angle \mathbf{CQD}$

❷ $\angle APB = \angle CQD$ ならば，$\overset{\frown}{AB} = \overset{\frown}{\mathbf{CD}}$

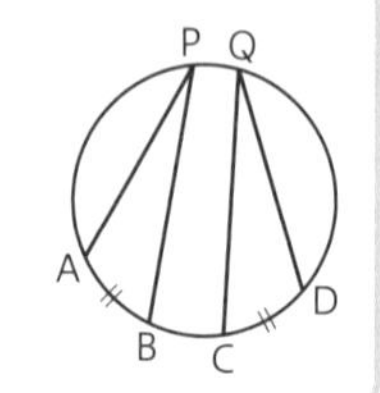

□ 3 円に内接する四角形　★★

円に内接する四角形 ABCD では，

❶ $\angle BAD + \angle BCD = \mathbf{180°}$

❷ $\angle \mathbf{BAD} = \angle DCE$

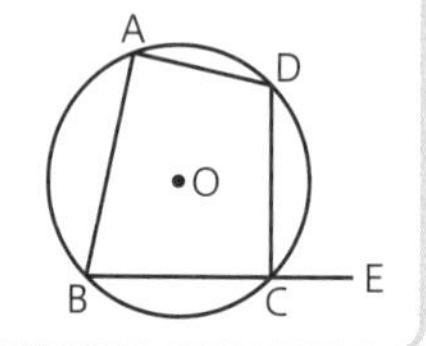

□ 4 円と接線　★★

❶ 円の接線は，接点を通る半径に**垂直**である。

❷ 円外の1点から，その円にひいた2つの**接線**の長さは等しい。

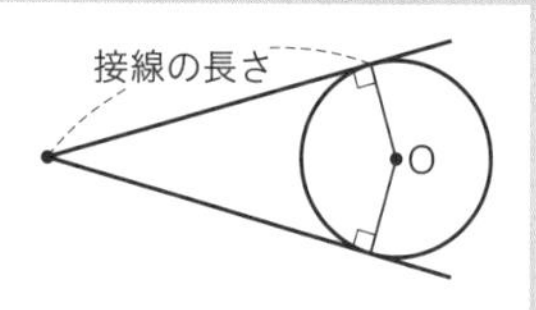

□ ⑤ 三平方の定理 ★★★

△ABC で，

❶ ∠C＝90° ならば，$a^2+b^2=\boldsymbol{c^2}$

❷ $a^2+\boldsymbol{b^2}=c^2$ ならば，∠C＝90°

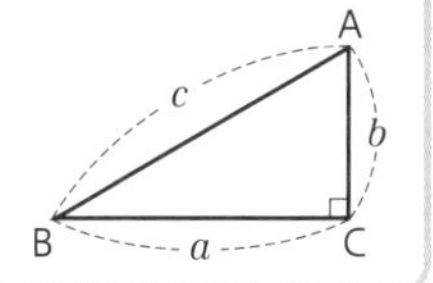

□ ⑥ 特別な直角三角形 ★★★

❶ 直角二等辺三角形

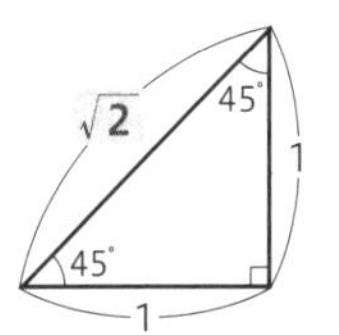

❷ 30°，60° の直角三角形

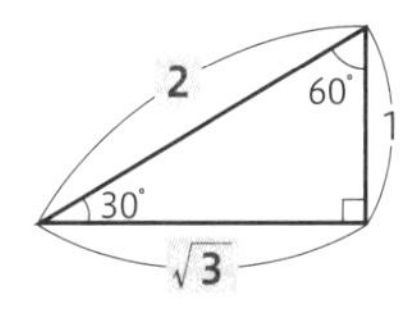

□ ⑦ 三平方の定理と平面図形 ★★★

❶ 正三角形の高さと面積

$h=\dfrac{\sqrt{3}}{2}a$　$S=\dfrac{\sqrt{3}}{4}a^2$

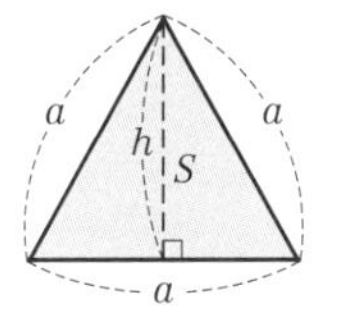

❷ 2 点間の距離

$\mathrm{PQ}=\sqrt{(a-c)^2+(b-d)^2}$

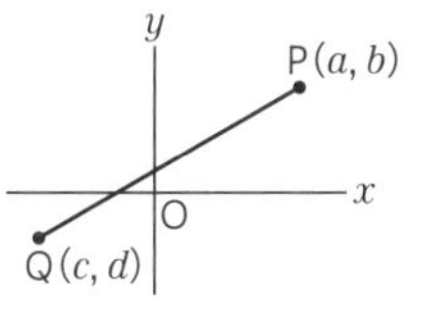

□ ⑧ 三平方の定理と空間図形 ★★★

❶ 直方体の対角線の長さ

$\ell=\sqrt{a^2+b^2+c^2}$

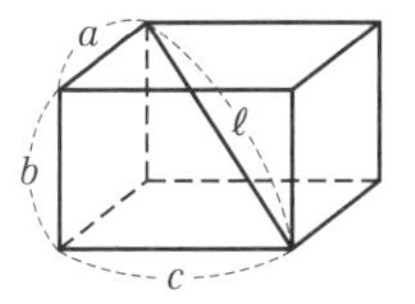

❷ 円錐の高さ

$h=\sqrt{\ell^2-r^2}$

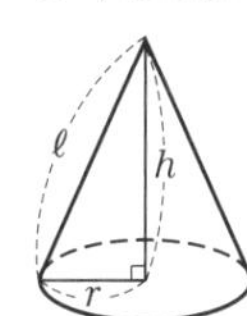

入試直前チェック

6. データの活用

□ 1 度数の分布 ★★★

❶ 度数分布表

身長 (cm)	度数 (人)
以上　未満	
140～150	6
150～160	9
160～170	11
170～180	4
計	30

❷ ヒストグラム

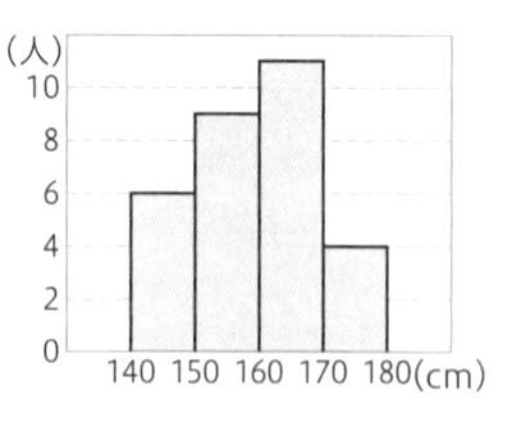

❸ 階級の幅…区間の幅

❹ 階級値…階級の真ん中の値

❺ 累積度数…最初の階級からその階級までの度数の合計

❻ 相対度数…$\dfrac{\text{その階級の度数}}{\textbf{度数の合計}}$

❼ 累積相対度数…最初の階級からその階級までの相対度数の合計

□ 2 代表値 ★★★

❶ **平均値**…$\dfrac{\text{データの値の合計}}{\text{データの個数}}$

❷ 中央値…データの値を大きさの順に並べたときの**中央の値**

❸ **最頻値**…データの値の中で，最も多く出てくる値

❹ 範囲…**最大値** − 最小値

□ 3 四分位数と箱ひげ図 ★★

❶ 四分位数と箱ひげ図

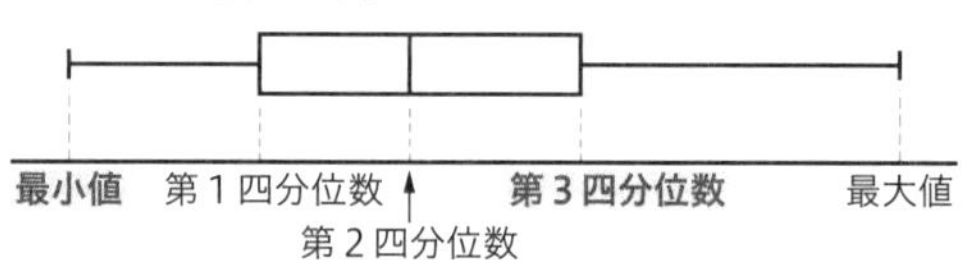

❷ **四分位範囲** = 第３四分位数 − 第１四分位数

□ ④ 確　率 ★★★

❶ 起こりうる場合の数が全部でn通りあり，ことがらAの起こる場合の数がa通りあるとき，Aの起こる確率pは，

$$p=\frac{a}{n}$$

❷ Aの起こらない確率＝1－(Aの起こる確率)

❸ 場合の数を求めるときは，下のような樹形図や表を利用するとよい。

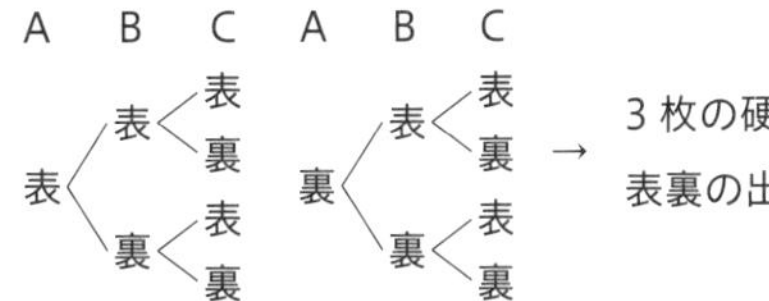

→ 3枚の硬貨を同時に投げるときの表裏の出方は全部で，**8**通り

小＼大	1	2	3	4	5	6
1	(1, 1)	(1, 2)	(1, 3)	(1, 4)	(1, 5)	(1, 6)
2	(2, 1)	(2, 2)	(2, 3)	(2, 4)	(2, 5)	(2, 6)
3	(3, 1)	(3, 2)	(3, 3)	(3, 4)	(3, 5)	(3, 6)
4	(4, 1)	(4, 2)	(4, 3)	(4, 4)	(4, 5)	(4, 6)
5	(5, 1)	(5, 2)	(5, 3)	(5, 4)	(5, 5)	(5, 6)
6	(6, 1)	(6, 2)	(6, 3)	(6, 4)	(6, 5)	(6, 6)

→ 大小2つのさいころを投げるときの目の出方は全部で，
6×6＝36(通り)

□ ⑤ 標本調査 ★★

❶ **全数調査**…調査の対象となる集団のすべてのものについて，もれなく調べる方法

❷ **標本調査**…集団の中から一部を取り出して調べ，その結果から集団全体の性質を推定する方法

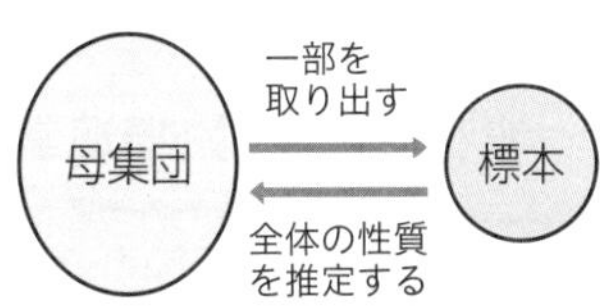

集団全体が母集団，母集団から取り出した一部が標本だよ。

装丁デザイン　ブックデザイン研究所
本文デザイン　京田クリエーション
図　版　京都地図研究所

本書に関する最新情報は，小社ホームページにある**本書の「サポート情報」**をご覧ください。（開設していない場合もございます。）
なお，この本の内容についての責任は小社にあり，内容に関するご質問は直接小社におよせください。

高校入試 まとめ上手 数学

編著者　中学教育研究会　　発行所　受験研究社

発行者　岡　本　明　剛

〒550-0013　大阪市西区新町2—19—15
注文・不良品などについて：(06)6532-1581(代表)／本の内容について：(06)6532-1586(編集)

Printed in Japan　寿印刷・高廣製本
落丁・乱丁本はお取り替えします。